O. Gast

Analyse und Grobprojektierung von Logistik-Informationssystemen

Mit 68 Abbildungen und 30 Tabellen

Springer-Verlag
Berlin Heidelberg New York Tokyo 1985

Dipl.-Ing. Ottmar Gast
Forschungsinstitut für Rationalisierung
an der Rheinisch-Westfälischen Technischen Hochschule Aachen

Prof. Dr.-Ing. Rolf Hackstein
Inhaber des Lehrstuhls und Direktor des Instituts für Arbeitswissenschaft,
Direktor des Forschungsinstituts für Rationalisierung an der
Rheinisch-Westfälischen Technischen Hochschule Aachen

D 82 (Diss. TH Aachen)
Originaltitel: Entwicklung eines Instrumentariums zur Analyse und Grobprojektierung von Logistik-Informationssystemen

ISBN-13: 978-3-540-15626-0   e-ISBN-13: 978-3-642-82565-1
DOI: 10.1007/978-3-642-82565-1

Gesamtherstellung: FOTODRUCK J. MAINZ GmbH · Neupforte 13 · 5100 Aachen · Tel: 0241/27305

2160/3020-543210

Forschung für die Praxis · Band 5

**Berichte aus dem
Forschungsinstitut für Rationalisierung (FIR)
und dem Lehrstuhl und Institut
für Arbeitswissenschaft (IAW)
der RWTH Aachen**

Herausgeber: Prof. Dr.-Ing. R. Hackstein

Vorwort des Herausgebers

Die Mechanisierung und Automatisierung der industriellen Produktion hat in den vergangenen Jahren weiter ständig zugenommen. Begriffe wie "Flexible Fertigungssysteme", "Robotereinsatz" oder "CNC-Maschinen" sind einige Deskriptoren dieser Entwicklung. Mit steigender Komplexität der eingesetzten Anlagen, Maschinen und Verfahren erhöhen sich auch die Anforderungen an die Organisation des Zusammenwirkens von Mensch, Betriebsmittel und Material. Die Beherrschung und Verbesserung dieser Ablauforganisation wird mehr und mehr zum entscheidenden Faktor für einen erfolgreichen Einsatz moderner Produktionstechnologien.

Die Ablauforganisation in der Fabrik der Zukunft wird vom Einsatz der Informationstechnik geprägt sein, also der Technik von der Verarbeitung, Speicherung und Übertragung von Informationen. Die Informationstechnik basiert zunehmend auf dem Einsatz der elektronischen Datenverarbeitung (EDV).

Einen der Anwendungsschwerpunkte der Informationstechnik in der Ablauforganisation von Produktionsbetrieben bildet der Einsatz von Informationssystemen für die Planung und Steuerung von Produktionsabläufen einschließlich des Transports und der Lagerung. Der Erfolg solcher Informationssysteme ist in besonderem Maße davon abhängig, wie gut es gelingt, bei der Entwicklung und beim Einsatz der Systeme gleichermaßen sowohl die technisch-organisatorischen als auch die humanen (arbeitswissenschaftlichen) Aspekte zu berücksichtigen.

Gelingt es in der Bundesrepublik Deutschland nicht, die Informationstechnik in der Industrie auf breiter Front erfolgreich zur Anwendung zu bringen, dann ist - vor allem im produzierenden Gewerbe, das dem internationalen Wettbewerbsdruck in besonderem Maße unterliegt - nach einer von Prognos im Auftrag des BMFT durchgeführten Studie bis 1990 mit einem Verlust von rund 500.000 Arbeitsplätzen zu rechnen. Im Falle positiver Bewältigung dagegen wird eine Zunahme von rund 100.000 Arbeitsplätzen erwartet.

Während sich die technologische Entwicklung auf dem Hardware-
Sektor äußerst rasant vollzieht, ist zu beobachten, daß zwischen
der durch die Hardware gebotenen Möglichkeiten und der durch
entsprechende Methoden und Programme (Software) realisierten
Anwendungen eine immer größere Lücke entsteht, die als "Software-Lücke" bezeichnet wird.

Erfolge beim betrieblichen Einsatz können weiterhin aber auch
nur dann erreicht werden, wenn der Mensch die o.g. Informationssysteme akzeptiert. Das aber gelingt nur, wenn der Mensch die
sich ergebenden Veränderungen der Arbeitsanforderungen, Arbeits-
aufgaben und Arbeitsplatzbedingungen positiv bewältigen kann.
Da bisher zu wenig Beweglichkeit, Einfallsreichtum und Flexi-
blität bei der Entwicklung neuer Bedingungen für die Gestaltung
der Arbeitszeit, des Arbeitsplatzes, des Arbeitskräfteeinsatzes,
der Arbeitsorganisation u.ä. festzustellen ist, zeigt sich hier
eine zweite, immer größer werdende Lücke, die vielfach als
"Akzeptanz-Lücke" bezeichnet wird und die in ihren negativen
Auswirkungen der "Software-Lücke" sicherlich nicht nachsteht.

Die Arbeiten der beiden vom Herausgeber geleiteten Institute,
des Forschungsinstituts für Rationalisierung (FIR) in Aachen
und des Lehrstuhls und Instituts für Arbeitswissenschaft der
RWTH Aachen (IAW), sind daher darauf gerichtet, Beiträge zur
Schließung der aufgezeigten Lücken zu leisten. Zur Umsetzung
gewonnener Erkenntnisse wird die Schriftenreihe "FIR-Forschung
für die Praxis" herausgegeben. Der vorliegende Band setzt diese
Reihe fort.

Dem Verfasser danke ich für die geleistete Arbeit, dem Verlag
für die Aufnahme dieser Schriftenreihe in sein Programm und
allen anderen Beteiligten für ihren Beitrag zum Gelingen des
Bandes.

Rolf Hackstein

<u>Inhaltsverzeichnis</u>

Seite

Seite

1. Einleitung und Zielsetzung

Im Bereich der industriellen Produktion wurden in den vergangenen Jahrzehnten beachtliche Produktivitätssteigerungen
realisiert. Diese Entwicklung läßt sich vornehmlich auf den
Einsatz verbesserter und neuartiger Fertigungseinrichtungen
und Fertigungsorganisationen zurückführen. Nachdem die der
Produktion vor- und nachgelagerten Bereiche lange Zeit weitgehend vernachlässigt worden waren (vgl. WARNECKE 1977; JÜNE-
MANN 1974, S. 1; HEILMANN 1974, S. 1), sind diese seit einigen
Jahren Gegenstand vieler theoretischer und praktischer Arbeiten geworden. Hier sind exemplarisch Arbeiten zu nennen auf
dem Gebiet der Absatzplanung (z.B. MAKRIDAKIS/WHEELWRIGHT
1982; LEWANDOWSKI 1980), der kaufmännischen Auftragsabwicklung (vgl. FALTER 1980; REINECKE 1983), der Produktionsprogrammplanung (vgl. HILKE 1978; RIEPER 1973), der Materialpla-
nung bzw. -disposition (z.B. RESCHKE 1978), des Lagerwesens,
d.h. Materialbevorratung (vgl. BAUMGARTEN 1975; BICHLER 1981),
Zwischenlagerung (vgl. PETERMANN u.a. 1982), Fertigwarenlage-
rung (vgl. LAHDE 1967) sowie Fertigwarenverteilung (vgl. KONEN
u.a. 1982; WINKLER 1977).

Obwohl die Aufgabenbereiche heute meist der Logistik[1] zugeordnet werden, - was sich vermehrt in entsprechenden Organisa-
tionsformen niederschlägt (vgl. PFOHL 1972, S. 56 ff.) - führen die z.T. gegenläufigen Teilziele der einzelnen Logistik-
bereiche dennoch zu einer Reihe von Zielkonflikten sowohl

- innerhalb der jeweiligen Logistik-Aufgabenbereiche,
- zwischen den Logistik-Aufgabenbereichen und
- zwischen der Logistik insgesamt und anderen betrieblichen Bereichen.

Die Aufgabe, eine Abstimmung und einen Ausgleich zwischen den
einzelnen Zielkonflikten zu ermöglichen und aufrechtzuerhalten,

---

1) Eine Definition und Abgrenzung wird in Kapitel 2.4 und
   2.4.1 vorgenommen.

kann jedoch nicht allein durch Maßnahmen in aufbauorganisatorischer Hinsicht bewältigt werden. Gerade unter Berücksichtigung dieses Aspekts muß zur Bewältigung der vielfältigen Planungs- und Steuerungsprozesse innerhalb der Logistik ein möglichst effektives Informationssystem[1] zur Verfügung stehen. Während in der Güterbewegung die Anwendung logistischer Erkenntnisse weit fortgeschritten ist, zeigen sich im Informationsfluß vielfach noch Schwachstellen (vgl. ZVEI-LEITFADEN LOGISTIK 1982, S. 53). Dies ist auch das Fazit einer empirischen Untersuchung in mittelständischen Industrieunternehmungen, deren Anliegen es war, Ansatzpunkte zur Effizienzsteigerung in den materialwirtschaftlichen Aufgabenbereichen dieser Zielgruppe aufzudecken (vgl. GROCHLA u.a. 1983, S. 18, 123 ff.). Danach wurde als Hauptschwachstelle eine schlechte Informationsbasis am häufigsten genannt (vgl. Abb. 1).

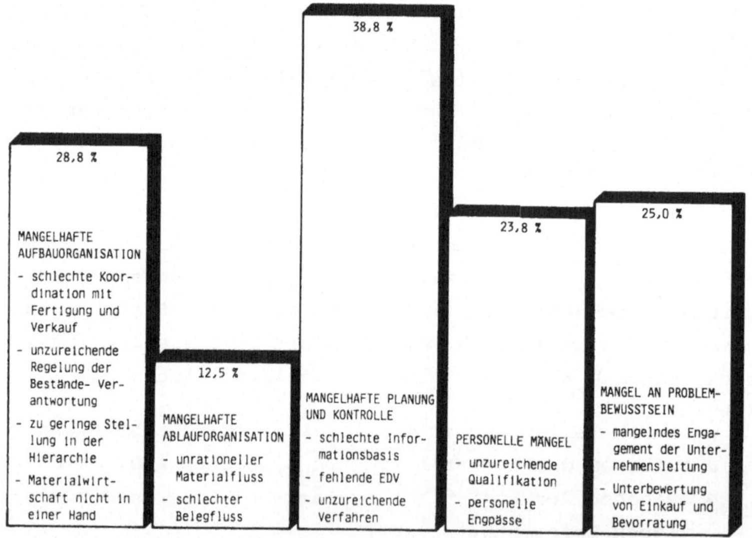

Abb. 1: Ursachen der Problemfelder in der Materialwirtschaft (Angaben in % der Befragten, die aktuelle Probleme oder Rationalisierungsreserven angaben; Mehrfachnennungen) Quelle: GROCHLA u.a. 1983, S. 18

---

1) Eine Definition des Begriffes 'Informationssystem' erfolgt in Kapitel 2.3, S. 12 .

Für die Unternehmungen ergibt sich somit die Forderung, zukunfts-
orientierte Informationssysteme mit einem hohen Integrationswert
zu entwickeln, wobei derzeit dem Planer vor allem in der mittelständischen Industrie die dafür notwendigen Handlungsanleitungen
für die Konzeption und Optimierung solcher Systeme fehlen.

In der Praxis besteht ein Hauptproblem darin, den Informationsbedarf der einzelnen Aufgabenträger zur Durchführung der ihnen
zugeordneten Funktionen näherungsweise zu bestimmen und den
Informationsaustausch so zu gestalten, daß ein möglichst sinnvoller und folgerichtiger Ablauf im Rahmen der Logistik gewährleistet wird. Zwar lassen sich heute Informationen in zu-
nehmendem Maße durch mechanisierte und automatisierte Sach-
mittel bereitstellen, die sie nicht nur verarbeiten und spei-
chern, sondern darüber hinaus auch erfassen bzw. erstellen
können; in wenigen Fällen ist es jedoch bisher gelungen, dieses Instrumentarium näherungsweise optimal im Sinne einer umfassenden Integration in logistischen Informationssystemen
einzusetzen. Dies war das Ergebnis einer Voruntersuchung, die
der Autor in 21 Unternehmungen durchführte, um die Ursachen
für Probleme in der Planung, Steuerung und Kontrolle von Logi-
stikprozessen näher konkretisieren zu können.

Hieraus wurde die Erkenntnis gewonnen, daß einerseits in der
Praxis meist keine systematische Planung und Pflege von Logistik-Informationssystemen erfolgt und andererseits geeignete
Systemplanungs-Instrumentarien fehlen. Bei der Betrachtung
der bisherigen Bemühungen zur Verbesserung der Planungsmetho-
dik für Informationssysteme ist festzustellen, daß es vor allem
an Methoden der Grobprojektierung mangelt. Viele Praktiker be-
zweifeln grundsätzlich den Nutzen einer umfassenden Systemgrob-
planung, da die Ergebnisse dieser Planungsstufe nicht unmittelbar zur Erzeugung von z.B. 'Computer-Outputs' eingesetzt werden
können. Die Analyse von vorhandenen Informationssystemen zeigte,
daß diese den Anforderungen der Anwender häufig deshalb nicht
gerecht werden, weil die späteren Benutzer am Planungsprozeß
nicht genügend beteiligt worden waren und daß der Informationsbedarf der einzelnen Anwender nicht gezielt ermittelt worden war.

Die Vernachlässigung dieser 'Grundlagenarbeit' zeigt sich
in der Praxis auch darin, daß selbst in Unternehmungen mit
stark ausgeprägt automatisierten Informationssystemen der Austausch vor allem auch der nicht DV-gestützt aufbereiteten Informationen nicht dokumentiert ist bzw. kein zu Planungszwecken
unbedingt notwendiger Überblick des Ist-Zustandes existiert.

Berücksichtigt man die Tatsache, daß in einer Unternehmung
laufend in ablauf- und aufbauorganisatorischer Hinsicht Veränderungen vorgenommen werden müssen, die immer Konsequenzen
hinsichtlich des Informationssystems zur Folge haben, und daß
das Preis-/Leistungsverhältnis der informationstechnischen Möglichkeiten permanenten Änderungen unterworfen ist, wird deutlich, daß eine fundierte Entscheidungsgrundlage nur durch den
jederzeit abrufbaren Ist-Zustand hergestellt werden kann. Dieser Ist-Zustand wiederum ist die unabdingbare Voraussetzung für
die dann anschließenden Analyse- und Entscheidungsschritte, wobei der Planer hierfür bisher allein auf seine Erfahrung, Krea-
tivität bzw. Anwendung von Ideenfindungsmethoden angewiesen war.
Eine systematische Vorgehensweise für die Analyse und Entscheidungsfindung, die als Endergebnis quasi Regeln für die Gestaltung vorgibt, existiert bis heute nicht.

Die vorliegende Arbeit hat daher zum Ziel, systematisch Verbesserungsmöglichkeiten für bestehende Informationssysteme in der
Logistik erkennen zu können, um deren Leistungsfähigkeit zu
erhöhen. Dazu soll dem Praktiker die Möglichkeit an die Hand
gegeben werden, alle Informationszusammenhänge und Aufgaben einschließlich ihrer Verarbeitung in den die Logistik betreffenden
Unternehmungsbereichen transparent zu machen. Grundlage hierfür
soll eine Vorgehensanleitung für eine einfach zu erstellende und
aktuelle Gegenüberstellung der Informationsbedürfnisse und der
wirklich den einzelnen Funktionsträgern zur Verfügung gestellten Informationen sein. Dazu muß im ersten Schritt eine systematische Handlungsanleitung zur Ist-Aufnahme von Informationssystemen erstellt werden. Im weiteren müssen aussagefähige
Darstellungsformen von Informationssystemen erarbeitet werden,
die einerseits dem Anspruch eines hinreichenden Detaillierungs-

grades gerecht werden müssen und andererseits die komplexen
Zusammenhänge übersichtlich genug abbilden können. Im nächsten
Schritt wird aufgezeigt, wie eine systematische Analyse des
bestehenden Logistik-Informationssystems durch Gegenüberstellung
des Informationsangebotes und Informationsbedarfs durchzuführen ist, um die vorhandenen Schwachstellen als Grundlage für
die sich daran anschließende Grobprojektierung aufdecken zu
können. Nach Aufzeigen der Arbeitsschritte im Rahmen der Grobprojektierung wird schließlich die Notwendigkeit der permanent
zu aktualisierenden Dokumentation des einmal erhobenen Ist-Zustandes erläutert und aufgezeigt, wie diese zweckmäßigerweise
zu erfolgen hat.

Die in dieser Arbeit entwickelten Planungsschritte wurden aufgrund von Untersuchungen existierender Logistik-Informationssysteme in fünf Unternehmungen induktiv hergeleitet. Hierbei
wurde so vorgegangen, daß mit Hilfe von detailliert festgestellten Ist-Zuständen die häufigsten Schwachstellen aufgedeckt wurden und anschließend die Ursachen hierfür ermittelt
wurden. Durch logische Herleitung konnten daraus die notwendigen Maßnahmen und Vorgehensweisen abgeleitet werden, die bei
konsequenter Anwendung das Entstehen entsprechender Schwachstellen weitgehend ausschließen.

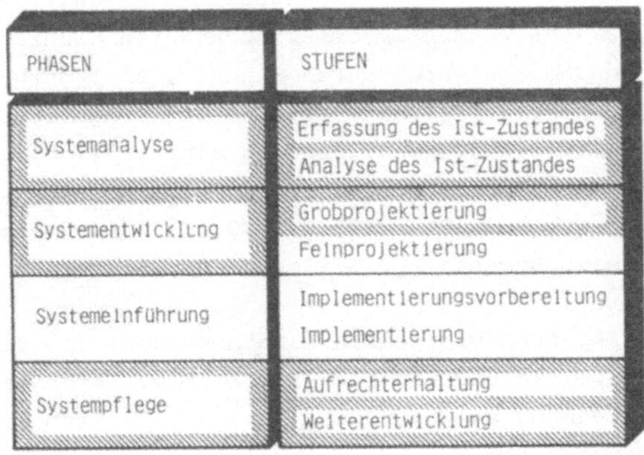

Tab. 1: Phasenschema der Systemplanung in Anlehnung an HEINRICH/
KRIEGER 1974, S. 16

Werden die in dieser Arbeit behandelten Planungsschritte als
Arbeitsabschnitte innerhalb der Systemplanung eingeordnet, so
werden im Phasenschema von HEINRICH/KRIEGER (1974, S. 16) die
Phasen Systemanalyse, Systementwicklung (Grobprojektierung)
sowie Systempflege berührt (vgl. Tab. 1).

2. Grundlagen und Definitionen

Wie in Kapitel 1 dargelegt, liegt das Ziel dieser Arbeit in der
Analyse und der darauf aufbauenden späteren Beurteilung und Verbesserung logistischer Informationsflüsse. Bevor im einzelnen
das entwickelte Verfahren vorgestellt und diskutiert wird, ist
es unumgänglich, die erforderlichen Begriffe zu klären; sie
werden - von der Theorie ausgehend - auf die Gebiete Information, Informationssystem sowie Logistik in konkretem Bezug auf
die Unternehmung und seine Informationsflüsse angewendet.

2.1 Information und Kommunikation

Für die Begriffe Information und Kommunikation lassen sich in
der Literatur zahlreiche Definitionen finden, die nicht immer
Übereinstimmung aufweisen. Zunächst ist der Begriff Information
von anderen in diesem Zusammenhang gebräuchlichen Bezeichnungen
zu unterscheiden: Nach einer einfachen Zusammenfassung von
FLECHTNER (1969, S. 69) werden Informationen durch Nachrichten
übermittelt, während Nachrichten durch Signale, also durch Zei-
chenkombination, übertragen werden; der "letzte Träger" der
Information ist somit das Zeichen. Zeichen sind vereinbart als
die kleinsten isolierbaren Elemente, die zum Aufbau von Aussagen benutzt werden (vgl. BELING/WERSIG 1972, S. 32). Hierzu
zählen beispielsweise Buchstaben, Ziffern oder Bildzeichen wie
Striche oder Punkte.
Signale sind physikalisch wahrnehmbare Tatbestände, die der
Übermittlung und Speicherung von Nachrichten bzw. Informationen dienen. In Anlehnung an FLECHTNER (1969, S. 63) ist die
Nachricht zu verstehen als die Bedeutung des Signals, also die
objektive Aussage über einen Sachverhalt, einen Vorgang oder
einen Zustand. Für KRAMER (1965, S. 20) bedeutet Nachricht

"die durch eine Kombination von Signalen bestimmter Art kon-
kretisierte und somit für einen Dritten verständliche sowie
zur Übertragung oder Speicherung geeignete Form zunächst ab-
strakter ... Tatbestände". Allerdings muß nicht jedes Signal
vom Empfänger als eine Nachricht verstanden werden. Möglicherweise erkennt er sie nicht - bedingt z.B. durch Trägheit oder
fehlende Vorkenntnisse.

Es muß an dieser Stelle darauf hingewiesen werden, daß in den
Betriebswissenschaften der Begriff Datum bzw. <u>Daten</u> anstelle
von Nachricht häufig zur Anwendung kommt. Demnach verkörpern
Daten Textteile oder Zahlenwerte (Stunden, Mengen, Werte), die
mit eindeutigen Ordnungsbegriffen wie Stichwörtern oder Konto-
bzw. Auftragsnummern versehen sind (vgl. LUTZ/BEUTLER 1968,
S. 368).

Auch zum <u>Informationsbegriff</u> sind in der Literatur eine beachtliche Anzahl von Definitionen zu finden. In der durch SHANNON
und WEAVER (1976, S. 18) begründeten Informationstheorie be-
kommt die Information eine ganz besondere, vom Sprachgebrauch
erheblich abweichende Bedeutung: "Information ist ein Maß für
die Freiheit der Wahl, wenn man eine Nachricht aus anderen aus-
sucht". Diese Definition berücksichtigt die Bedeutung oder den
Sinn der Nachricht überhaupt nicht, sie reflektiert ausschließlich auf deren mathematische (quantitative) Eigenschaften.
Dabei der Shannon'schen Definition von Information der Begriff
der Auswahl entscheidend ist, spricht man in diesem Zusammenhang auch von "selektiver Information" (vgl. v.CUBE 1965, S. 51).
Es handelt sich dabei um die auf Ja/Nein-Entscheidungen beruhende Selektion von Buchstaben, Wörtern usw. aus einem bestimmten
Repertoire.

Der in dieser Weise interpretierte Informationsbegriff hat mit
demjenigen unserer Umgangssprache nicht mehr viel gemeinsam.
Seine Verwendung ist auf die in der Nachrichtentechnik auftretenden Probleme der Übertragung und Speicherung von Informationen beschränkt. Eine darüber hinausgehende Verwendung
ist ausgeschlossen, da die Bedeutung der Information völlig
vernachlässigt wird.

Informationen werden immer von einem Sender an einen Empfänger
übermittelt (vgl. Kapitel 2.1.2). Daher scheint es zweckmäßiger,
das Wesen der Information von ihrer Wirkung auf den Empfänger
und von ihrer Bedeutung für diesen her zu erfassen. CHERRY
(1963, S. 213) geht davon aus, daß eine Nachricht nur dann zur
Information wird, wenn sie für den Empfänger neu ist: "Information kann nur dann empfangen werden, wenn eine Ungewißheit
existiert". Im Zustand der Ungewißheit befindet sich ein Nach-
richtenempfänger dann, wenn er über Alternativen verfügt, unter
denen er eine Auswahl treffen muß.

Diese Beseitigung von Ungewißheit soll im weiteren das geeignete Merkmal zur Definition des Begriffes Information und zu
seiner Abgrenzung von demjenigen der Nachricht sein. Als Information soll demnach jede Nachricht bezeichnet werden, die
beim Empfänger Ungewißheit beseitigt bzw. sein Wissen vermehrt.
Diese Definition impliziert natürlich in gewissem Sinne auch
eine Zweckorientierung; und zwar besteht der Zweck der Information darin, Ungewißheit zu beseitigen, wodurch letzten Endes
das Verhalten des Empfängers beeinflußt werden soll (vgl.
hierzu NÜRCK 1963, S. 3 und KOREIMANN 1963, S. 51).

Ähnlich wie die Information ist kaum ein in dieser Arbeit ver-
wendeter Begriff so oft und unterschiedlich definiert worden
wie derjenige der Kommunikation. Nach einer sorgfältigen Analyse vieler Veröffentlichungen kommt BRÖNIMANN (1970, S. 32)
in Bezug auf die Definition und das Wesen der Kommunikation
im wesentlichen zu folgenden Feststellungen:

1. Als Kommunikation bezeichnet man die Übermittlung von
   Nachrichten zwischen den Elementen oder Subsystemen eines
   Systems oder zwischen Systemen[1].

2. Unter Kommunikation ist nicht nur die (technische) Übertragung von Signalen und Nachrichten zu verstehen, sondern
   auch die Reaktion des Empfängers.

---

1) Auf den Begriff 'System' wird in Kapitel 2.2 näher einge-
   gangen.

3. Kommunikation ist ein- oder zweiseitig denkbar.

4. Die Begriffe Information und Kommunikation sind auseinander-
   zuhalten; die Information ist das Objekt der Kommunikation.

Wenn wir nach den betriebswirtschaftlichen Motiven der Kommunikation suchen, müssen wir notwendigerweise vom Zweck der Unternehmung ausgehen. Der Bereich Logistik dient einer Vielzahl
von Zwecken, wobei diese häufig gegenseitig konkurrieren oder
einander sogar widersprechen. Zwecke sind der Unternehmung von
außen vorgegeben und können von ihr nicht beeinflußt werden.
Daneben entwickelt sie aber eigene Ideen, Absichten, Vorstel-
lungen usw. und verhält sich entsprechend. Diese Verhaltens-
maximen, die das Bestehen einer gewissen Autonomie voraussetzen, werden Ziele genannt (vgl. MAYNTZ 1963, S. 58). In der
Regel werden diese von der Geschäftsführung der Unternehmung
gesetzt. Schließlich haben auch die in der Unternehmung be-
schäftigten Mitarbeiter ihre eigenen Ziele, die von denen der
Geschäftsführung oft abweichen.

An dieser Stelle soll nicht der Versuch unternommen werden,
alle Kommunikationsbedürfnisse im Hinblick auf alle Zwecke
und Ziele der Logistik zu untersuchen, doch soll vorausgesetzt werden, daß diese immer dem ökonomischen Prinzip folgen,
was jeweils auch für die Kommunikation gelten soll.

In der betriebswirtschaftlichen Forschung versucht man, von
der Systemtheorie her zu einem umfassenderen, besseren Verständnis der Unternehmung zu gelangen. Die Systemtheorie und
noch mehr die Systemanalyse, die den angewandten Wissenschaften zuzurechnen ist, stellen eine Hilfestellung bei der in
dieser Arbeit behandelten Themenstellung dar, so daß eine
kurze Behandlung im folgenden Kapitel notwendig ist.

2.2 Systemtheorie und Systemanalyse

Unter einem System wird ein Gebilde (Gefüge, Komplex, Zusam-
menstellung) von bestimmten Objekten (Komponenten, Bestand-
teile, Gegenstände) verstanden, zwischen denen Beziehungen

(Verbindungen, Kopplungen) mit bestimmten Eigenschaften (Attribute, Merkmale) bestehen (vgl. HILDEBRANDT 1979, S. 148). Jedes System weist neben diesen sehr allgemeinen eine Anzahl mehr oder weniger spezifischer Eigenschaften auf, die seine gedankliche Erfassung und Beschreibung erlauben. Nun kann auch die Unternehmung als ein System betrachtet werden, gebildet aus Subsystemen (z.B. Logistik-Bereiche) und Elementen, innerhalb und zwischen denen sich laufend eine Vielfalt von Prozessen abspielt. Diese Prozesse sind nur aufgrund von Informationen möglich. Ein System - zumindest ein dynamisches System - ohne Information und Kommunikation ist nicht denkbar (vgl. KAST, ROSENZWEIG 1967, S. 90), oder anders: jedes dynamische System kann auch als Kommunikationssystem bezeichnet und betrachtet werden.

Die _Systemtheorie_ befaßt sich in erster Linie mit der Anordnung der Elemente in einem System und ihren gegenseitigen Beziehungen, wobei heute zwei Richtungen erkennbar sind: Den einen, rein theoretisch ausgerichteten Teil bildet die allgemeine Systemtheorie, während der empirisch orientierte Teil, als _Systemanalyse_ bezeichnet, den angewandten Wissenschaften zuzurechnen ist. Die Systemanalyse besteht aus mehreren Phasen, die nacheinander oder mehrfach rekursiv zu durchlaufen sind:

- Analyse der Zielsetzungen,
- Analyse der Elemente,
- Analyse der Beziehungen sowie
- Analyse des Systemverhaltens (vgl. WEGNER 1969,
  S. 1610 ff.; MEFFERT 1975, S. 22).

Mit der Systemanalyse bezweckt man, Strukturen und Wirkzusammenhänge in beliebigen Systemen zu erkennen. Dazu ist das zu analysierende System stufenweise in seine Subsysteme bzw. Elemente aufzulösen (vgl. Abb. 2).

Im wichtigsten Schritt der Systemanalyse untersucht man dann die Beziehungen, also die Vorgänge zwischen den Subsystemen bzw. Elementen und ihrer Umwelt. Dabei interessieren vor allem die Inputs oder Outputs und deren Wirkung auf die Umwelt, weniger jedoch das interne Zustandeskommen jener Wirkung.

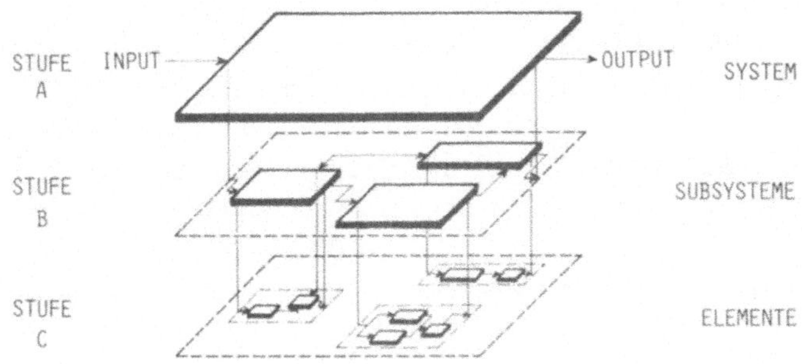

Abb. 2: Stufenweise Auflösung des Systems

2.3 Kommunikations- und Informationssystem der Unternehmung

Die Begriffe Kommunikationssystem und Informationssystem werden
in der Literatur in unterschiedlicher Weise verwendet. Während
in Kapitel 2.2, S. 10 gemäß KAST/ROSENZWEIG (1967) bereits das
Kommunikationssystem als ein System beschrieben worden ist, das
durch den Prozeß des Austausches von Informationen gekennzeichnet ist, vertritt KNIPP-RENTROP (1975, S. 29) den Standpunkt,
daß ein Informationssystem ein Spezialfall des Kommunikations-
systems sei, da "jetzt nicht mehr irgendwelche Mitteilungen
übertragen werden, sondern Information im eigentlichen Sinn".
Er läßt hier jedoch offen, was unter "irgendwelche Mitteilungen"
im Rahmen des Informationsbegriffsgebäudes verstanden werden
soll. In den weitaus meisten Fällen wird in der einschlägigen
Literatur der Begriff Informationssystem (z.B. BELING/WERSIG
1972; MEFFERT 1975; MEYER-UHRENRIED 1973; ÖSTERLE 1981) verwendet, während mehr theoretisch aufgebaute Arbeiten von Kom-
munikationssystemen sprechen (z.B. BRÖNIMANN 1970; SHANNON/
WEAVER 1976), wobei die Begriffe jedoch bis auf wenige Ausnah-
men synonym verwendet werden.

In Anlehnung an BELING/WERSIG (1972, S. 80) wird in dieser
Arbeit folgende Definition verwendet:
Ein Informationssystem ist ein System, das den Ablauf von
Kommunikationsprozessen durch räumliche, zeitliche und/oder

inhaltliche Transformation, Verbreitung und Weiterleitung von
Nachrichten steuert, damit ein bestimmter Kreis von Rezipien-
ten informiert wird. D.h. die Kommunikation ist immer nur
Mittel zum Zweck. "Kommunikation an sich" gibt es demnach nicht;
diese dient vielmehr dazu, die Erfüllung eines bestimmten Zwek-
kes oder die Erreichung eines Zieles zu ermöglichen. Da hier
vom System Unternehmung bzw. Logistik die Rede ist, kann es
sich nur um die für dieses geltenden Zwecke und Ziele handeln.

Betrachtet man nun den Kommunikationsprozeß näher, so läßt sich
dieser in verschiedene <u>Kommunikationsphasen</u> zergliedern. Dazu
ist in der Literatur versucht worden, "das beim Realgüterstrom
zugrunde gelegte Fünf-Phasen-Schema ... analog auf den Infor-
mationsstrom anzuwenden" (vgl. KOSIOL 1966, S. 175), um eine
sinnvolle Einteilung der im Rahmen der Kommunikation sich ergebenden Vorgänge zu erhalten. So unterscheidet KOSIOL die
folgenden sogenannten Aktionsphasen:

- Aufnahme
- Vorspeicherung
- Transformation
- Nachspeicherung
- Abgabe

Diese Einteilung vermag jedoch nicht ganz zu befriedigen. Zum
einen erscheint es sinnvoller von Informationsbeschaffung statt
-aufnahme zu sprechen, da hierdurch die aktive Komponente dieser sehr wichtigen Phase besser zum Ausdruck gebracht wird. Zum
anderen ist die Trennung von Vor- und Nachspeicherung nicht
sehr zweckmäßig, weil die Unterscheidung Schwierigkeiten berei-
tet, wenn mehrere Verarbeitungs- und Speicherphasen aufeinander-
folgen, bevor es zur Verwertung der Information kommt. Schließlich ist in Bezug auf die Phase der Transformation eine Verfei-
nerung angebracht. Von den verschiedenartigen, hierunter subsu-
mierten Vorgängen soll die Umwandlung von Informationen in Entscheidungen, Handlungen usw., d.h. ihre zweckentsprechende Verwendung isoliert werden und als besondere Phase der Verwertung
gekennzeichnet werden. Sie stellt logischerweise den letzten

möglichen, auf eine bestimmte Information bezogenen Kommunika-
tionsvorgang dar.
Es ergeben sich somit die folgenden fünf betrieblich relevanten
Kommunikationsphasen:

- die Beschaffung von Informationen
- die Übermittlung von Informationen
- die Speicherung von Informationen
- die Verarbeitung von Informationen
- die Verwertung von Informationen.

Unter Informationsbeschaffung oder Informationsgewinnung wird
die Gesamtheit aller Tätigkeiten verstanden, welche zum
Ziel haben, dem Informationssystem Informationen zuzuführen, die
der Erreichung der Zwecke und Ziele des Systems dienen. Für die
unternehmungsinterne Beschaffung von Informationen kommt grundsätzlich jede Stelle in Frage; wichtig ist, daß diese weiß,
welche Informationen sie an welche Aufgabenträger zu übermit-
teln hat und vor allem, daß die entsprechenden Kommunikations-
kanäle vorhanden und bekannt sind.

Der Zweck der Informationsübermittlung liegt in der Überbrückung
der räumlichen und zeitlichen Diskrepanz zwischen Sender und
Empfänger. Die räumliche Übermittlung auch als "Informationsweitergabe" (vgl. BÖSSMANN 1967, S. 54) oder "Datentransport"
bzw. "Informationsbewegung längs eines Weges, des Informations-
kanals" bezeichnet (vgl. SCHWEIKER 1966, S. 83), ist immer dann
erforderlich, wenn Informationen an einem anderen Ort als dem
ihrer Beschaffung, gespeichert, verarbeitet oder verwertet werden sollen. Es sind also die der Information angemessenen Informationsträger zu wählen.

Die Phase, bei der Informationen keinem Verarbeitungs- oder
Transportprozeß unterliegen und damit über einen bestimmten
Zeitraum "ruhen", wird als Speicherung bezeichnet. Das Spei-
chern von Informationen kann jeweils vor oder nach der Informationsübermittlung oder -verarbeitung notwendig werden.

Die Gründe, welche eine <u>Verarbeitung von Informationen</u> notwendig erscheinen lassen, sind sehr zahlreich. Sie haben zu verschiedenen Formen der Verarbeitung geführt:

a) Die einfachste Form ist das <u>Sortieren</u>, bei dem eine beliebige Anzahl von Informationen in eine geordnete Reihenfolge gebracht oder auf Grund bestimmter Begriffe in Gruppen mit identischen Merkmalen gegliedert wird.

b) Die <u>Kombination</u> besteht grundsätzlich darin, verschiedene Informationen miteinander zu verbinden bzw. vorhandenen Informationen neue zuzufügen.

c) Ein sehr wichtiger Verarbeitungsvorgang ist die <u>Verdichtung</u>, durch die Informationen über einzelne Objekte zu Informationen über den diese Objekte umfassenden Bereich zusammengefaßt werden.
Gewissermaßen als Spezialfall der Verdichtung ist die Selektion zu bezeichnen. Sie kann sich sowohl auf die Informationen wie auch auf die Informationsempfänger beziehen; auch eine Kombination dieser beiden Formen ist denkbar.

Zusammenfassend kann als Informationsverarbeitung jeder Vorgang bezeichnet werden, durch den Informationen in formeller oder materieller Hinsicht umgewandelt werden, ohne daß sie jedoch ihrem vorbestimmten Zweck zugeführt werden.

Die <u>Verwertung</u>, worunter die zweckorientierte Verwendung von Informationen, d.h. die Umwandlung in Entscheidungen, Handlungen usw. zu verstehen ist, ist logisch die letzte Phase im Kommunikationsprozeß. Sobald eine Information am vorgesehenen Ort, zur richtigen Zeit und in adäquater Form zur Verfügung steht, hat das Informationssystem seine instrumentale Aufgabe erfüllt.

2.4 <u>Begriff und Definition der Logistik</u>

Der Begriff Logistik besitzt seit langem einen festen Platz in der militärwissenschaftlichen Diskussion. Er bezieht sich auf die Probleme des Transports, des Nachschubs sowie der Bewegung und Unterbringung von Truppen (vgl. KIRSCH u.a. 1973, S. 8). Aus diesem Bereich hat der Ausdruck Logistik zur Bezeichnung eines Teilbereichs der Unternehmung Eingang in die amerikanische Managementlehre bzw. in die wirtschaftswissenschaftliche Literatur gefunden. Dabei wird der Begriff in zweifacher Weise verwendet: zur Bezeichnung einer spezifischen Funktion innerhalb sozialer Systeme und zur Bezeichnung einer wissenschaftlichen Teildisziplin. Die Funktion Logistik umfaßt alle Prozesse in und zwischen sozialen Systemen (Organisationen, Gesellschaften), die der Raum- und Zeitüberbrückung dienen. Logistikprobleme sind also Probleme der Planung, Steuerung, Durchführung und Kontrolle eines Stromes von Energie, Informationen, Personen oder materiellen Gütern (vgl. PFOHL 1979, S. 1201; KIRSCH u.a. 1973, S. 69).

Beschränkt man obige Funktionen auf den betrieblichen Aktivitätsbereich, begegnet man in der Literatur einer Vielfalt von Bezeichnungen, die sich teilweise decken, teilweise überschneiden. So findet man in der angelsächsischen Literatur Begriffe wie: Business logistics, marketing logistics, industrial logistics, logistics of distribution, logistics management, materials management, physical supply, market supply, physical distribution, physical marketing usw. (vgl. PFOHL 1972, S. 17, zitiert bei JOHNSON u.a. 1963).

In der deutschsprachigen Literatur findet man u.a. folgende Begriffe:
Marketing-Logistik, Beschaffungs-Logistik, Produktions-Logistik, Distributions-Logistik, Physische Distribution, Warenverteilung, Materialwirtschaft, Infrasystemlogistik usw..

Wenn vorstehende Begriffe auch meist nur Teilbereiche der betrieblichen Logistik beinhalten, bzw. sich hinsichtlich der Bedeutung überschneiden, ist ihnen doch folgendes gemeinsam: alle Begriffe sprechen das Zusammenspiel von Bewegungs- und Lagervorgängen an, durch das Raum und Zeit überbrückt werden. Dieser Aspekt kommt dann auch meist in den gängigen Defi-

nitionen des Begriffs Logistik vor. Vgl. dazu u.a. PFOHL 1972,
S. 18; KIRSCH u.a. 1973, S. 70; o.V. 1978, S. 11; TEMPELMEIER
1983, S. 1. In Anlehnung an diese Autoren läßt sich somit folgende allgemeingültige Definition für Logistik geben:

Zur _Logistik_ gehören alle Tätigkeiten, durch die Bewegungs-
und Speichervorgänge in einem System gestaltet, geplant, gesteuert oder kontrolliert werden. Durch das Zusammenspiel
dieser Tätigkeiten soll ein Strom von Objekten durch das
System in Gang gesetzt werden, derart, daß Raum und Zeit
möglichst effektiv überbrückt werden.

Da aus dieser Definition die zu betrachteten Systemelemente
und Funktionen nicht hervorgehen, muß im weiteren eine Abgrenzung vorgenommen werden.

2.4.1 _Abgrenzung der Logistik_

Hinsichtlich der Frage, welche Funktionen, und daraus abzuleiten, welche Subsysteme des Systems Unternehmung zur Logistik gezählt werden sollen, herrscht sowohl in der Literatur
als auch in der Praxis keine Einigkeit. Es läßt sich jedoch
speziell bei der Behandlung logistischer Problemstellungen
in Unternehmungen mit lagerorientierter Serienfertigung eine
deutliche Tendenz feststellen, eine mehr ganzheitliche Betrachtungsweise anzustreben, die den starken Interdependenzen
zwischen den verschiedenen Subsystemen einer Unternehmung gerecht werden (vgl. JOHNSON/WOOD 1982, S. 4 ff.; BOWERSOX 1974,
S. 14 ff.; SCHÄFER 1983, S. 113 ff.).

Dieses folgt aus der Erkenntnis, daß die mit dem Strom der
Güter und Informationen durch das betriebliche Netzwerk verbundenen logistischen Aktivitäten sich gegenseitig beeinflussen und deshalb nur im Zusammenhang miteinander geplant und
gesteuert werden können.

Bevor die Aspekte einer ganzheitlichen Betrachtungsweise bei
der in dieser Arbeit vorzunehmenden Abgrenzung der Logistik
ihre Berücksichtigung finden, werden im folgenden kurz die

betrieblichen Aufgaben aufgeführt, die sich direkt aus der
allgemeinen Definition der Logistik sowie der betrieblichen
Zielsetzung ergeben, die darin besteht, daß eine Unternehmung
versucht

- eine am Markt nachgefragte Ware
- in der gewünschten Art und Menge
- zum Zeitpunkt und
- am Ort des Bedarfs

anzubieten, abzusetzen und dabei eine Rendite zu erzielen. Die
herkömmlichen Funktionen der Unternehmung leisten dazu folgende
Beiträge:
Die Weckung der Nachfrage und die Bestimmung des dafür geeigneten Produktes leistet die Marketingfunktion (vgl. MEFFERT
1977, S. 37); Herstellung, Bevorratung bzw. Beschaffung dieses
Produktes sowie der dafür notwendigen Teile und Materialien
erfolgen durch die Produktions- und Beschaffungsfunktion; der
Vertrieb schließlich sorgt für die Befriedigung des Bedarfs
durch das Einholen von Kundenaufträgen und die Veranlassung
der Kundenbelieferung. Geht man jetzt von der Definition der
Logistik aus, so hat diese in diesem Rahmen folgende Hauptaufgaben zu erfüllen: Die Gestaltung, Steuerung und Kontrolle

- der Beschaffung und Lagerung der Roh-, Hilfs- und
  Betriebsstoffe,
- des Transports und der Lagerung der Halbfertig-
  fabrikate in der Produktion,
- der Lagerung der Fertigprodukte in den Fertigwarenlägern,
- des Transports bzw. der Warenverteilung (evtl. über
  regionale Auslieferungsläger) an den Kunden.

Daraus ergibt sich, daß die Logistik die entsprechend Abb. 3
aufgezeigten Bereiche berührt.

In der betrieblichen Praxis werden die vier o.a. Logistik-
Hauptaufgaben häufig den Bereichen Beschaffung, Produktion,
Fertigwaren-Lagerwesen und Vertrieb zugeordnet. Im folgenden
werden die in diesen Bereichen typisch angesiedelten Aufgaben aufgeführt, um die sich daraus ergebenden Zielkonflikte

mit benachbarten Bereichen aufzeigen zu können. Erst daraufhin kann dann eine zweckmäßige Abgrenzung der Logistik erfolgen.

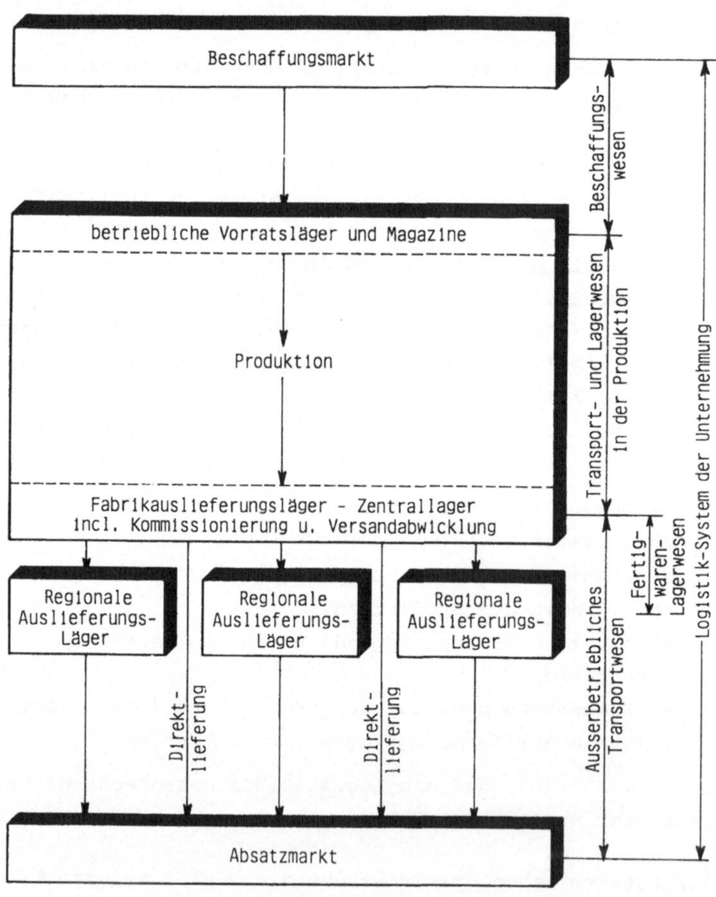

Abb. 3: Logistik-Hauptaufgaben im betrieblichen Ablauf entsprechend des Materialflusses

2.4.1.1 <u>Logistik und Beschaffung</u>

Im Rahmen des Beschaffungswesens sind zunächst die Begriffe
Einkauf und Beschaffung zu trennen. Das Aufgabengebiet des
Einkaufs umfaßt im wesentlichen Funktionen, die auch häufig
unter 'Beschaffungsmarketing' zusammengefaßt werden (vgl.
HARTMANN 1978, S. 23 ff.):

- Einholung und Auswertung von Angeboten,
- Lieferantenauswahl,
- Preisverhandlungen und Abschlüsse usw..

Die Aufgaben, die einen erheblich größeren Abhängigkeits- und
Einflußgrad in Bezug auf die Zielsetzung anderer Unternehmungsfunktionen besitzen, werden meist unter dem Begriff 'Beschaf-

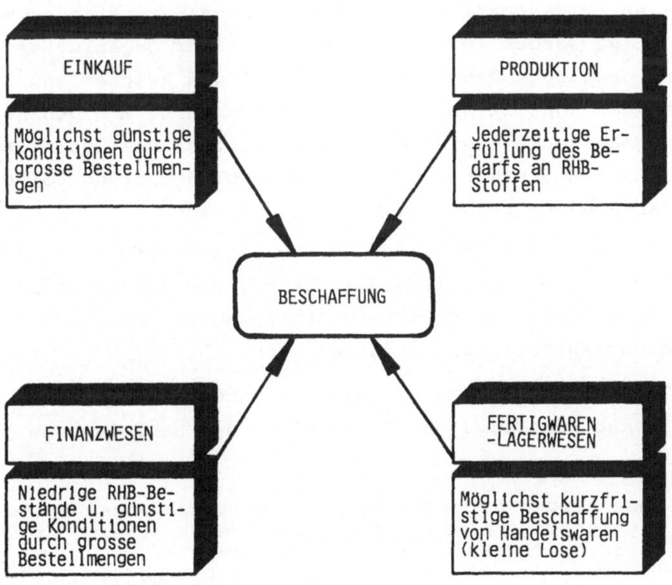

Abb. 4: Einwirkung bereichsspezifischer Interessen auf die
Beschaffung

fung' bzw. 'Beschaffung und Disposition' zusammengefaßt:

- Bedarfsermittlung und Disposition,
- Festlegen und Überwachen von Liefermengen und
  -terminen,
- Festlegen von Verpackungs-, Transport- und Ver-
  sandvorschriften,
- Eingangskontrolle und Einlagerung,
- Bestandsüberwachung.

Ob die Funktion
   - Lagerung der Roh-, Hilfs- und Betriebsstoffe
zur Beschaffung oder zur Produktion gezählt wird ist hier
nicht von Belang; entscheidend ist, daß die Bestandsüberwachung zusammen mit der Disposition zu erfolgen hat.

Im Rahmen der hier behandelten Problematik sollen nur noch
diese - unter Beschaffung zusammengefaßten - Funktionen berücksichtigt werden. Die auch immer häufiger organisatorisch
Rechnung getragene Trennung von Einkauf und Beschaffung[1]
versucht der Konfliktsituation im Zusammenhang mit den Beschaffungsaufgaben besser gerecht zu werden. Die Optimierung
der Beschaffungsaufgaben verlangt die Koordinierung folgender
bereichsbezogener Prioritäten (vgl. dazu Abb. 4):

● Die Produktion verlangt hochwertige Stoffe von gleich-
  bleibender Qualität und erwartet, daß das RHB-Lager
  (Roh-, Hilfs- und Betriebsstoff-Lager) jederzeit jede
  Bedarfsanforderung erfüllen kann.

● Das Fertigwaren-Lagerwesen hat Interesse an einer möglichst kurzfristigen Beschaffung der Handelswaren in

---

1) Die Beschaffung der aktuell erforderlichen Roh-, Hilfs-
   und Betriebsstoffe sowie der Handelsware ist eine produk-
   tionsorientierte Funktion, während der Einkauf marktorien-
   tiert erfolgen muß. Eine Trennung der Einkaufs- und Beschaffungsfunktion ist vor allem auch deshalb sinnvoll, da
   der Einkauf zentral für den gesamten Geschäftsbereich und
   nicht nur für eine einzelne Produktgruppe bzw. für ein ein-
   zelnes Werk erfolgen sollte, während die Beschaffung auf
   Grund der erforderlichen Nähe zur Produktion eine Werks-
   funktion ist (vgl. FEIERABEND 1981, S. 27).

kleinen Losen, um nicht hohe Bestände halten zu müssen.

- Der Einkauf strebt große Bestellmengen an, um möglichst
  günstige Konditionen zu erzielen.

- Die Geschäftsführung bzw. das Finanzwesen verlangt wegen
  der Lagerhaltungskosten eine möglichst niedrige Bestandshöhe an RHB-Stoffen.

Somit hat die Beschaffung im wesentlichen - durch die Teilfunktionen Bedarfsermittlung und Disposition sowie durch das
Festlegen und Überwachen der Liefermengen und -termine -
einerseits niedrige Lagerbestände und andererseits eine aus-
reichende Versorgung der Produktion (bei Einhaltung bestimmter Einkaufsrestriktionen) anzustreben. Um im Rahmen dieses
Interessenkonflikts einen Ausgleich schaffen zu können, ist
sowohl innerhalb der Beschaffung (Bestands- und Dispositions-
transparenz) als auch zu den benachbarten Bereichen, vor allem
der Produktion (Produktionsplanungstransparenz), ein reibungsloser Informationsaustausch vonnöten.

2.4.1.2 Logistik und Produktion

Neben der eigentlichen
  - Teilefertigung und Montage
sind in der Produktion im wesentlichen folgende operativen und
planerischen Aufgaben zu erfüllen:

- Innerbetrieblicher Transport und Bereitstellung,

- Zwischenlagerung von Fertigungsmaterial, Teilen
  oder Baugruppen,

- Produktionsplanung (Produktionsprogrammplanung, Mengen-
  planung, Termin- und Kapazitätsplanung)[1],

- Produktionssteuerung[1].

Die bei HACKSTEIN (1984, S. 11) der Produktionsprogrammplanung
zugerechnete Prognoserechnung soll hier als eigenständige Aufgabe angeführt werden, da ihr im Rahmen der hier vornehmlich

zu behandelnden Fragestellungen lagerorientierter Serienfertiger in Verbindung mit der Absatzplanung eine besondere Bedeutung
zukommt.

Welche Auswirkungen Entscheidungen im Produktionssystem für
den Material- und Produktfluß und damit für die Logistik haben,
wird deutlich, wenn man sich die enge Verzahnung der Produk-
tionsaufgaben mit denen benachbarter Bereiche vor Augen führt.
Die Produktion muß zum einen die Forderungen des Fertigwarenlagers nach Wiederauffüllung des Lagers bzw. des Vertriebs
nach kurzfristiger Bedarfsdeckung erfüllen und andererseits
dem Verlangen des Finanzwesens gerecht werden, geringe Produktionskosten bzw. kurze Durchlaufzeiten (auch für den Vertrieb)
zu erreichen. Die Produktionsentscheidungen determinieren also
einerseits die Lagerbestände im innerbetrieblichen Bereich,
andererseits werden sie selbst wieder durch das Nachfrageve r-
halten der Kunden bzw. des Vertriebes beeinflußt.

Wichtigster Einflußfaktor für die Höhe der Bestände an Fertig-
produkten ist die Güte der Produktionsplanung und die Auftragsdurchlaufzeit in der Fertigung. Die Güte bzw. der Output der
Produktionsplanung wird in erster Linie bestimmt durch den
Input, d.h. durch die Qualität der Absatzprognose sowie die
Transparenz des Kundenauftragsvolumens und der Fertigwarenbestände, sowie durch die Effektivität des Planungsverfahrens.

Die Auftragsdurchlaufzeit in der Produktion wird bei mehr-
stufiger Fertigung in erster Linie durch die Güte der Produktionsplanung (vor allem hinsichtlich der Häufigkeit nach-
träglicher Änderungen), der Produktionssteuerung sowie der
Steuerung des innerbetrieblichen Transports beeinflußt. Die
Einwirkung bereichsspezifischer Interessen auf die Produktion
macht Abb. 5 deutlich.

---

1) Zur Gliederung der Produktionsplanung und -steuerung vgl.
   HACKSTEIN 1984, S. 5 - 17.

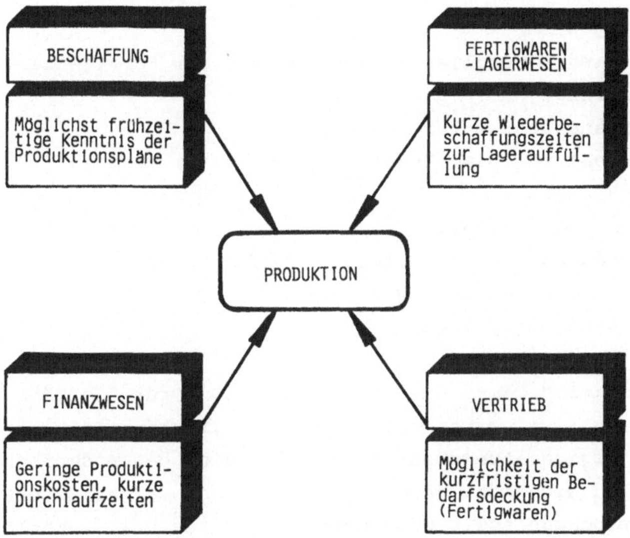

Abb. 5: Einwirkung bereichsspezifischer Interessen auf die
Produktion

Gerade aber bei einer derart intensiven Verflechtung der Produktion mit anderen Bereichen (vor allem Vertrieb und Lagerwesen) sowie der Aufgaben innerhalb der Produktion muß ein
intensiver und reibungsloser Informationsfluß gewährleistet
sein, um bei einem vorgegebenen Lieferservice[1] ein Gesamt-
kostenminimum zu erreichen.

2.4.1.3 Logistik und Fertigwaren-Lagerwesen

Zum Fertigwaren-Lagerwesen zählen alle Tätigkeiten, die begir.-
nend mit der Übernahme der Fertigwaren aus der Produktion bzw.
von Fremdlieferanten (Handelsware) bis zur Bereitstellung für

---

1) Zur Definition von 'Lieferservice' vgl. ZVEI-LEITFADEN
LOGISTIK (1982, S. 17).

den Versand durchzuführen sind. Hierzu zählen auf der operativen Ebene:

- Eingangskontrolle und Einlagerung der Fertigwaren,
- Lagerung,
- Bestandsüberwachung,
- Disposition bzw. Bestellauslösung zum Wiederauffüllen des Lagers,
- Kommissionierung,
- Verpackung und Bereitstellung für den Versand,
- Transportplanung sowie
- Versandabwicklung.

Der Disposition kommt die größte Bedeutung für die Höhe der Bestände an Fertigwaren zu. Einerseits erfordert die Minimierung der Lagerhaltungskosten, daß für eine bedarfsgerechte Disposition eine möglichst fundierte Kenntnis der zu erwartenden Lagerabgänge sowie eine möglichst kurze bzw. zuverlässige Wiederbeschaffungszeit vorliegt. Zur Erreichung der ersten Forderung ist zu verlangen, ein leistungsfähiges Dispositionsverfahren zur Verfügung zu haben und möglichst realitätsnahe und differenzierte Absatzerwartungen vom Vertrieb zu erhalten. Die möglichst kurze Wiederbeschaffungszeit verlangt bei einer möglichst flexiblen Fertigung ein leistungsfähiges Produktionsplanungs- und -steuerungsinstrumentarium, das in Verbindung mit der Steuerung des innerbetrieblichen Transports für kurze Fertigungsdurchlaufzeiten sorgen muß. Das Problem der Festlegung der Fertigungsauftragsgrößen bzw. Fertigungslosgrößen stellt sich vor allem in den hier vornehmlich behandelten marktorientierten Unternehmungen (vgl. KIRSCH u.a. 1973, S. 285), da hier besonders häufig die Tendenz besteht, möglichst viele kleine Kundenaufträge oder zeitlich stark streuende Aufträge in einige wenige, jedoch größere Produktionsaufträge zusammenzufassen. Vertriebsaufträge, Kundenaufträge oder Aufträge zur Wiederauffüllung von Fertigwarenlägern wirken dann nicht unmittelbar auf die Produktionsprozesse bzw. auf die Produktionsplanung, sondern werden nach den Erfordernissen des Produktionssystems abgewickelt. Im Rahmen der Produktionsplanung wird aus der Sicht der Produktion dabei versucht, Serien in wirtschaftlichen Stückzahlen aufzulegen. Die daraus resultierenden Fertigwarenlagerbestände stimmen dann mit den aus logistischer Sicht wünschenswerten Mengen meist nicht überein.

Die Produktionsleitung tendiert in ihrem Streben nach größter Effizienz des Fertigungsbereichs dazu, dem logistischen System zusätzliche Kosten aufzuladen oder u.U. die Lieferzeiten zu verlängern. Umgekehrt verursachen im Sinne niedriger Bestände und damit geringerer Lagerhaltungskosten anzustrebende kleine Fertigungsaufträge bzw. kurzfristiges und flexibles Reagieren der Produktion tatsächlich meist höhere Produktionskosten. Das Anstreben eines Kompromisses durch Minimierung der Gesamtkosten (Lagerhaltung und Produktion) ist daher zwingend. Hierzu sind Voraussetzungen einmal eine entsprechende Zuordnung der Verant-

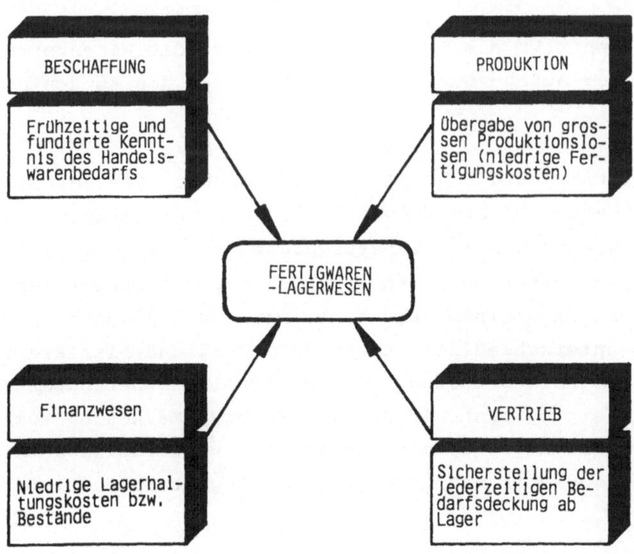

Abb. 6: Einwirkung bereichsspezifischer Interessen auf das
Fertigwaren-Lagerwesen

wortlichkeiten durch aufbauorganisatorische Maßnahmen sowie ein
Informationsfluß, der zum einen die Bedürfnisse der Produktion,
des Fertigwarenlagerwesens sowie des Vertriebes transparent
macht und zum anderen die Verursachung der Kosten im Fertigwaren-Lagerwesen sowie in der Produktion aufzeigen kann. Eine
kurze Zusammenfassung des Interessenkonfliktes zeigt Abb. 6.

2.4.1.4 Logistik und Vertrieb

Neben der eigentlichen Vertriebsaufgabe, der
   - Akquisition
werden dem Vertrieb im Rahmen der Logistik häufig folgende
weitere Aufgaben zugeordnet:

   - Kaufmännische Auftragsabwicklung[1],
   - Absatzplanung und -prognose sowie
   - Bedarfsmeldung bzw. Bestellauslösung an
     Produktion bzw. Beschaffung.

Dazu können u.U. das Transportwesen bzw. die Warenverteilung
(evtl. über Außen- oder Regionalläger) an den Kunden noch
dazukommen.

Die Logistik hat die übergreifende Aufgabe, die Vertriebs-
bzw. Marketing-Anforderungen[2] zur Umsatzsicherung zu erfüllen und kostenoptimale Arbeitsabläufe sicherzustellen. In
marktorientierten Unternehmungen sind die Marketing-Anforderungen im allgemeinen sehr hoch, wenn auch je nach Produktpalette unterschiedlich. Lieferfähigkeit und Lieferzeit haben
daher besondere Bedeutung. Aus der Stellung der Unternehmung
im Markt ergibt sich die Vertriebs- bzw. Marketing-Politik;
diese wiederum ist bestimmend für die vertriebliche Zeilset-
zung der Logistik und somit für den angestrebten Lieferservice.

---

1) Zur Definition der kaufmännischen Auftragsabwicklung
   vgl. FALTER 1980, S. 1 - 2.
2) Zur Abgrenzung Vertrieb/Marketing vgl. WÖHE 1976, S. 377 ff..

Zur Sicherung dieser Ziele ist eine entsprechende Ablauforganisation erforderlich, so muß beispielsweise die Lieferfähigkeit sofort prüfbar und an den Vertrieb zurückzumelden sein.

Flankierend muß andererseits in der Preispolitik des Vertriebs
auch an Anreize für die Kunden gedacht werden, das Service-
Konzept der Unternehmungs-Logistik anzunehmen. Vertrieb und
Logistik haben jedoch durch die Konkurrenz am Markt nur beschränkte Möglichkeiten, die Kosten zu beeinflussen. Aus der
Sicht des Vertriebes muß die Logistik Leistungen erbringen,
die im Rahmen des Wettbewerbs vorgegeben sind; darüber hinaus
soll sie nach Möglichkeit einen zusätzlichen Wettbewerbsvor-
teil schaffen (möglichst zu niedrigeren Kosten als die Konkurrenz). Um diesen Anforderungen gerecht zu werden, ist die
Logistik auf vollständige und schnelle Informationen durch
den Vertrieb angewiesen.

Hierzu gehören auch die Daten der Vertriebsplanung und hier
insbesondere die der Absatzplanung. Innerhalb des Absatz-
plans[1) ist der Verkaufsplan in Verbindung mit allen dazugehörigen Informationen wie Prognosen, aktuellen Absatztrends
usw. von großer Bedeutung für den Produktionsplan und den
Handelswarenbeschaffungsplan. Da der Beschaffungsplan wiederum
vom Produktionsplan abhängig ist, wird deutlich, daß die Güte
des Verkaufsplans sowie die lückenlose und aktuelle Information der Produktion und der Beschaffung über alle absatzrele-
vanten Marktdaten von größter Bedeutung für die Höhe aller Bestände sowie für die Güte des Lieferservices ist (vgl. auch Abb. 7).

Da auch ein mit größter Sorgfalt und geeigneten Prognosemetho-
den erstellter Verkaufsplan immer mit Unsicherheiten hinsichtlich des sich letztlich tatsächlich ergebenden - vor allem arti-
kelbezogenen - Absatzes versehen ist, neigt der Vertrieb grundsätzlich dazu, zu hohe Sicherheitsbestände mit Hilfe von zu op-

---

1) Der Absatzplan besteht aus Verkaufsplan, Vertriebskostenplan
   und Werbeplan (vgl. WÖHE 1976, S. 378).

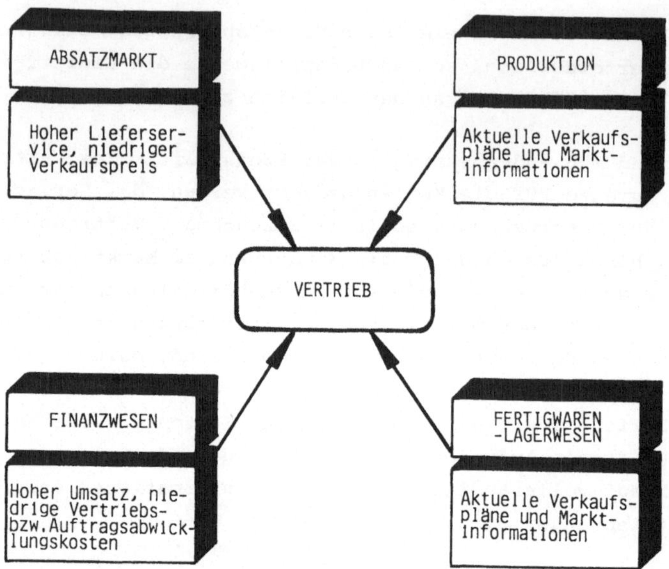

Abb. 7: Einwirkung bereichs- bzw. kundenspezifischer
Interessen auf den Vertrieb

timistischen Verkaufsplänen bzw. Absatzerwartungen zu verursachen. Dieses Problem läßt sich nur vermeiden durch Organisationen,
die bewirken, daß die Verantwortung für die Bestandshöhe und
die Einhaltung der Liefermengen und -termine in einer Hand
liegt. Andererseits muß durch ein geeignetes Informationssystem
dafür gesorgt werden, daß die Ursachen für überhöhte Bestände
bzw. für nicht eingehaltene Liefertermine erkannt werden können.

Wenn im folgenden eine für diese Arbeit gültige Abgrenzung der
Logistik erfolgen soll, ist diese ausschließlich im Hinblick
auf die in Bezug auf die Logistik relevanten Aufgaben vorzunehmen. Dabei muß in erster Linie angestrebt werden, daß die
im vorigen aufgezeigten Verzahnungen, Abhängigkeiten und Kon-
flikte bei der Betrachtung der betrieblichen Abläufe und damit
des Informationssystems ihre Berücksichtigung finden. Es ist

also nicht die Frage zu beantworten, welche einzelnen Aufgaben
'Logistik-Aufgaben' sind, und noch weniger, welche Aufgaben in
aufbauorganisatorischer Hinsicht zur Logistik "gehören"[1], sondern es muß festgelegt werden, welche betrieblichen Aufgaben
bei Beachtung der Logistik-Definition bzw. Logistik-Zielsetzung
und bei Berücksichtigung der dargelegten gegenseitigen Abhängigkeiten im Sinne einer ganzheitlichen Betrachtungsweise in den
Untersuchungs- und Planungsbereich einbezogen werden sollen.

Unter Beachtung dieser Erkenntnisse und unter Berücksichtigung
der in diesem Zusammenhang gemachten Erfahrungen hat sich eine
Einteilung der betrieblichen Aufgaben[2] in Bezug auf die Bereiche Beschaffung, Produktion, Fertigwaren-Lagerwesen und Vertrieb
gem. Tab. 2 ergeben in:

- Typische Logistikaufgaben gemäß traditioneller
  Organisationen,
- Logistik-relevante Aufgaben im Sinne einer ganz-
  heitlichen Prozeßbetrachtung sowie weitgehend
- Logistik-irrelevante Aufgaben.

2.4.2 Logistik und Aufbauorganisation

Da die Einordnung der logistischen Aktivitäten in die Aufbauorganisation einer Unternehmung (institutionelle Dimension)
von erheblicher Bedeutung für den Realisierungsgrad der Logistik-Zielsetzung ist, welcher wiederum im Rahmen der metho-
disch-instrumentellen Dimension (Logistik als Planungs-, Steue-
rungs- und Kontrollinstrument) von der Güte des Logistik-Informationssystems abhängt, kann diese Fragestellung in dem hier
behandelten Zusammenhang nicht völlig übergangen werden.

---

1) Die Frage der geeigneten Aufbauorganisation wird in Kap.
   2.4.2 behandelt.

2) Hier sind die Aufgaben angesprochen, die im Rahmen des
   Material- und Warenflusses von besonderer Bedeutung sind
   (gem. Kap. 2.4.1.1 - 2.4.1.4). Damit fehlen die betrieblichen Funktionen des Finanz- und Personalwesens sowie
   zum großen Teil des Marketings.

Bereiche[1]	AUFGABEN	OBJEKTE	TYPISCHE LOGISTIKAUFGABE GEM. TRADITIONELLER ORGANISATIONEN	LOGISTIK-RELEVANTE AUFGABEN IM SINNE EINER GANZHEITL. PROZESSBETRACHTUNG	LOGISTIK-IRRELEVANTE AUFGABEN	ZUORDNUNGSALTERNATIVEN ZU BEREICHEN
Beschaffung	Bedarfsermittlung und Disposition	Material, Teile u. Baugruppen f. Fertigung		•		Beschaffung, Einkauf, Produktionsplanung, Logistik
	Festlegen und überwachen von Liefermengen u. -terminen	Material, Teile u. Baugruppen f. Fertigung		•		Beschaffung, Einkauf, Logistik
	Festlegen von Verpackungs-, Transport- u. Versandvorschriften	Material, Teile u. Baugruppen f. Fertigung		•		Beschaffung, Einkauf, Logistik
	Eingangskontrolle u. Einlagerung	Material, Teile u. Baugruppen f. Fertigung	•	•		Lagerwesen, Logistik
	Lagerung	Material, Teile u. Baugruppen f. Fertigung	•	•		Lagerwesen, Logistik
	Bestandsüberwachung	Material, Teile u. Baugruppen f. Fertigung	•	•		Lagerwesen, Logistik
Produktion	Innerbetrieblicher Transport u. Bereitstellung	Material, Teile u. Baugruppen in der Fertigung		•		Produktion, Prod.-steuerung, Logistik
	Teilefertigung und Montage	Material, Teile u. Baugruppen in der Fertigung			•	Produktion
	Zwischenlagerung	Material, Teile u. Baugruppen in der Fertigung		•		Produktion, Logistik
	Produktionsplanung	Produktionsmengen u. -termine		•		Produktionsplanung, Vertrieb, Logistik
	Produktionssteuerung	Personal, Maschinen			•	Produktion, Prod.-steuerung
Fertigwaren-Lagerwesen	Eingangskontrolle u. Einlagerung	Fertigwaren	•	•		Fertigwarenlager, Logistik
	Lagerung	Fertigwaren	•	•		Fertigwarenlager, Logistik
	Bestandsüberwachung	Fertigwaren	•	•		Fertigwarenlager, Logistik
	Disposition bzw. Bestellauslösung z. Wiederauffüllen des Lagers	Fertigwaren		•		Fertigwarenlager, Vertrieb, Logistik
	Kommissionierung	Fertigwaren, Aufträge	•	•		Fertigwarenlager, Versand, Logistik
	Verpackung u. Bereitstellung f. den Versand	Kommissionen	•	•		Fertigwarenlager, Versand, Logistik
	Transportplanung	Kommissionen, Transportmittel, Personal	•	•		Versand, Abfertigungsspedition, Vertrieb, Logistik
	Versandabwicklung	Kommissionen, Versandpapiere	•	•		Versand, Abfertigungsspedition, Vertrieb, Logistik
Vertrieb	Akquisition	Kunden, Aufträge			•	Vertrieb
	Kaufmännische Auftragsabwicklung	Aufträge, Lieferpapiere, Rechnungen	•	•		Vertrieb, Logistik
	Absatzplanung u. -prognose	Marktinformationen, Verkaufspläne		•		Marketing, Vertrieb
	Bedarfsmeldung bzw. Bestellauslösung an Produktion bzw. Beschaffung	Verkaufspläne, Bestellmengen		•		Vertrieb, Produktionsplanung, Logistik

Tab. 2: Klassifizierung der Logistik-Aufgaben

---

1) Die hier vorgenommene Zuordnung der Bereiche zu den Aufgaben
liegt in der Praxis häufig vor. Andere Zuordnungen sind jedoch möglich (vgl. dazu Tab. 17, S. 123).

Das Problem der Bestimmung einer "optimalen" Organisationsstruktur der Unternehmung ist ein äußerst schlecht definiertes
u.a. politisches Entscheidungsproblem (vgl. KIRSCH u.a. 1973,
S. 343). Dabei beinhaltet die Zuordnung der logistischen Aufgaben zu bestimmten formalen, strukturellen Subsystemen drei
Klassen von Entscheidungen:

1) Die Entscheidungskompetenz für die einzelnen logistischen
   Aktivitätsbereiche kann auf verschiedene Organisationseinheiten (z.B. Abteilungen) der Unternehmung aufgeteilt oder
   in einem eigenen, speziell logistischen Bereich konzentriert
   werden. Dies ist die Frage nach Konzentration oder Dezentralisierung der logistischen Aktivitäten.

2) Ist die betrachtete Unternehmung in der Weise dezentral
   organisiert, daß eine Sparten- oder Geschäftsbereichsorganisation bzw. Divisionalisierung besteht, ist eine weitere
   Organisationsentscheidung zu fällen: Das Logistik-Management kann für die gesamte Unternehmung - gegebenenfalls in
   einer eigenen Sparte - zentralisiert oder aber in der Weise
   dezentralisiert sein, daß jede Sparte oder Division selbst
   ein logistisches System unterhält und steuert.

3) Werden alle logistischen Aktivitäten in einem speziellen
   strukturellen Funktionsbereich zusammengefaßt, stellt sich
   die Frage nach der weiteren organisationalen Aufgliederung
   dieses Bereiches.

Für die Entscheidungen, die in aufbauorganisatorischer Hinsicht getroffen werden müssen, existieren eine Reihe von Kriterien wie z.B.

   - Marktorientiertheit der Unternehmung (lager- oder
     auftragsorientierte Fertigung),
   - Anzahl vorhandener Werke,
   - Anzahl vorhandener Divisionen bzw. Produktbereiche,

- Grad der Übereinstimmung logistischer Kanäle
  der einzelnen Divisionen[1],
- Stärke der Material- und Produktströme[2],
- Höhe des erforderlichen Serviceniveaus sowie
- Quantität und Qualität der benötigten Informationen.

Gerade der erforderliche Umfang sowie die Aktualität der Logistik-relevanten Informationen können mitbestimmend für die Wahl der Aufbauorganisation sein: Ist z.B. eine erforderliche Informationstransparenz zwischen gleichartigen Abteilungen, die u.a. Logistik-relevante Aufgaben zu erfüllen haben, nur durch einen sehr hohen Aufwand zu erreichen, kann eine Konzentration in Bezug auf die Logistik-Aufgaben zweckmäßig sein. Umgekehrt können aufbauorganisatorische Veränderungen zu Konsequenzen im Informationssystem führen, so daß die hier auftretenden Interdependenzen nicht unberücksichtigt bleiben dürfen.

Obwohl diese Problematik hier nur am Rande behandelt werden kann, muß grundsätzlich gefordert werden, daß die Gestaltung der Aufbauorganisation auch den informationellen Anforderungen gerecht werden muß, die wiederum in engem Zusammenhang mit den zwischen den verschiedenen herkömmlichen Bereichen vorhandenen Interessenkonflikten gesehen werden müssen (vgl. Kap. 2.5.1.1 bis 2.5.1.4).

Dabei ist festzustellen, daß diesen Anforderungen je nach betriebsspezifischen Gegebenheiten verschiedene Aufbauorganisationsvarianten gerecht werden können, so daß eine allgemeine Empfehlung in dieser Frage nicht sinnvoll ist bzw. sich sogar verbietet. Eine ausführliche Auseinandersetzung mit den Fragen der Logistik-Aufbauorganisation erfolgt bei PFOHL 1980.

---

1) Je homogener die Güter der einzelnen Divisionen hinsichtlich ihres Transports oder ihrer Lagerung sind und je mehr Produkte oder Produktgruppen über die gleichen Kanäle distribuiert werden, desto mehr wächst die Tendenz zur Zentralisation. Wird die Anzahl unterschiedlicher logistischer Kanäle größer, wächst die Tendenz zur Dezentralisation.

2) Je schwächer der Material- und Produktstrom in einer Division ist, desto größer ist die Tendenz zur Zentralisation.

3. <u>Möglichkeiten eines mathematischen Ansatzes zur Systemplanung</u>

Bei einem Logistik-Informationssystem gem. vorgenommener Abgrenzung handelt es sich um ein offenes, dynamisches[1] und probabilistisches[2] System von großer Komplexität. Die geforderte ganzheitliche Betrachtungsweise im Rahmen der Systemplanung stößt jedoch unweigerlich an Grenzen, die bei Verwendung von Organisationsschaubildern durch die begrenzte menschliche Aufnahmefähigkeit komplexer Strukturen auftreten. Diese Komplexität, die sich auch in der Problematik der Darstellung von Informationssystemen niederschlägt (vgl. Kap. 4.3), führt vor allem dazu, daß es kaum gelingt, die Verhaltensmuster von Informationssystemen (bei vorgenommenen Eingriffen bzw. Änderungen) vorauszusagen, d.h. Antworten auf "What if"-Fragen zu finden und so das System auf definierte dynamische Eigenschaften hin überprüfen zu können.

Um die Wirkzusammenhänge innerhalb dynamischer Systeme - in diesem Fall: sozio-technischer Systeme - untersuchen und abbilden zu können, bietet sich die sogenannte "Petri-Netz-Theorie" an, die der graphischen Modellierung von Systemzusammenhängen sowie der mathematischen Analyse von Systemdynamik dienen kann.

Das im Rahmen der Informationssystemplanung bisher ungelöste Problem der Abbildbarkeit und Simulation von komplexen Informationssystemen eröffnet durch die Anwendung der Petri-Netz-Theorie (vgl. ROSENSTENGEL/WINAND 1983, REISIG 1982, ZUSE 1980) neue Möglichkeiten, so daß eine kurze Beschreibung der Petri-Netztechnik sowie ihrer Anwendungsmöglichkeiten für die hier vorliegende Problemstellung als notwendig erachtet wird.

---

1) Ein System verhält sich dynamisch, wenn sich der Systemzustand über die Zeit verändert.

2) Man nennt ein System determiniert, wenn seine Elemente in voraussagbarer Weise aufeinander einwirken. Ist eine solche Eigenschaft nur mit einer gewissen Wahrscheinlichkeit voraussagbar, so bezeichnet man das System als probabilistisch. Dies ist bei Informationssystemen der Fall, die Menschen als Informationsverwerter bzw. Entscheidungsträger beinhalten.

3.1 <u>Anwendungsorientierte Darstellung der Elemente und</u>
    <u>Zusammenhänge der Petri-Netz-Theorie</u>

Die Darstellungsform dieser Theorie erfolgt auf graphentheore-
tischer Grundlage, d.h. Petri-Netze sind gerichtete Graphen.
Dabei versteht man unter einem <u>Graphen</u> eine Menge von Punkten
bzw. Knoten, die untereinander verbunden sind. Dabei zeigen
gerichtete Graphen zusätzlich die Art der Verbindung zwischen
den Knoten (z.B. die Richtung des Informationsflusses) an,
vgl. Abb. 8.

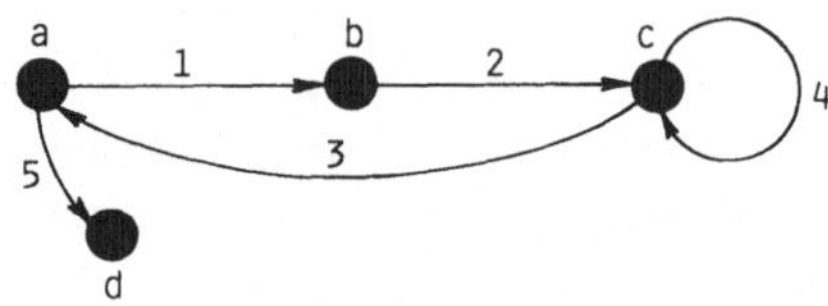

Abb. 8: Gerichteter Graph, aus ROSENSTENGEL/WINAND 1983, S. 5

Die Struktur von Petri-Netzen wird im statischen Zustand durch
gerichtete <u>Kanten</u> bzw. Pfeile und zwei Klassen von <u>Knoten</u> dargestellt: <u>"Ereignisse"</u> und <u>"Zustände"</u>. Dabei verbinden die
Kanten stets ein Ereignis mit einem Zustand (bzw. umgekehrt),
aber niemals Ereignisse oder Zustände miteinander.

Ein Petri-Netz enthält also keine isolierten Knoten und keine
parallelen Kanten oder Doppelpfeile. Die drei aufgezeigten
Fälle in Abb. 9 sind also ausgeschlossen:

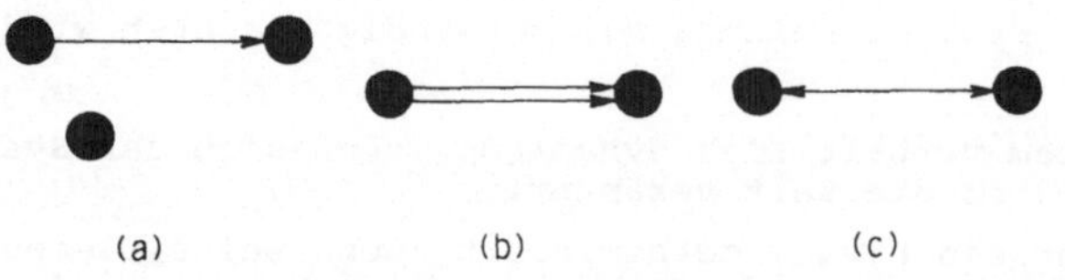

Abb. 9: Unzulässige Graphenkombinationen, aus ROSENSTENGEL/
        WINAND 1983, S. 6

Gestützt auf zugrundegelegte Axiome erlauben Petri-Netze definierte mathematische Manipulationen, d.h. die Anwendung mathe-
matischer Sätze, wobei diese die Grundlage für die Analyse dynamischer Verhaltensweisen innerhalb der statischen Netzstruk-
tur darstellen.

Das dynamische Verhalten innerhalb der Petri-Netz-Struktur
(d.h. das Realisieren von Zuständen in Abhängigkeit von der
Realisation anderer Zustände) wird mit Hilfe der "Markierung"
(von Zuständen) deutlich gemacht. "Die strukturellen Eigenschaften der Petri-Netze werden durch Regeln für das dynamische Verhalten ergänzt" (ZUSE 1980). Dies wird in der Verän-
derlichkeit der angesprochenen Markierung der Netz-Zustands-
knoten sichtbar. Hierbei werden Zustandsknoten durch Kreise
und Ereignisknoten durch Quadrate dargestellt.

Durch die Zusammenschaltung mehrerer kausal-logisch zusammen-
hängender Ereignis-/Zustandsglieder können eine Vielzahl zu-
sammenhängender "Prozeßschritte" als Modell abgebildet werden.
In der Sprache der Petri-Netz-Theorie werden daher die Kopplungen von Ereignis-/Zustands- bzw. Zustands-/Ereignisglie-
dern als "Prozesse" bezeichnet, vgl. Abb. 10.

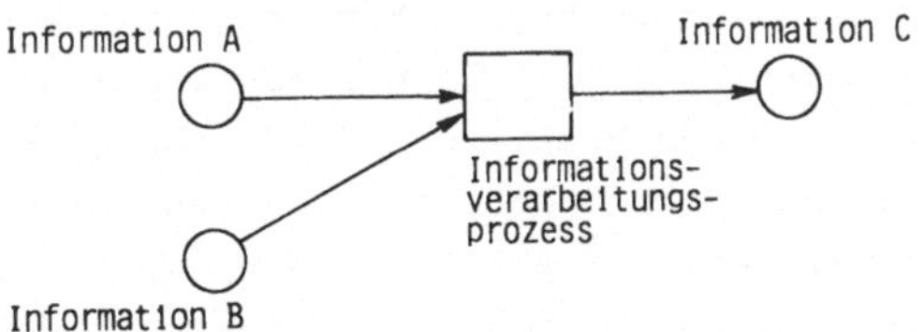

Abb. 10: Modell eines Prozeßschrittes am Beispiel
eines Informationsflusses

Wie bereits ausgeführt, werden die Zustände (Eingangs- und/
oder Ausgangszustände) durch Markierungen gekennzeichnet,
vgl. Abb. 11.

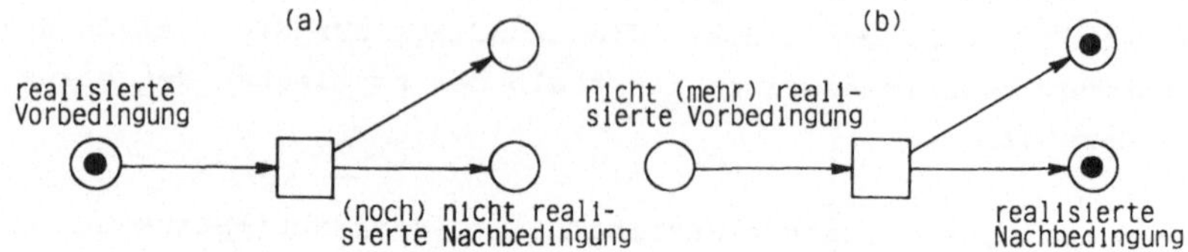

Abb. 11: Kennzeichnung des dynamischen Charakters in Petri-
Netzen und veränderliche Markierung, aus ROSENSTENGEL/
WINAND 1983, S. 19

Die Aktivierung eines Ereignisses ist dann gegeben, wenn
- seine Eingangszustände ausnahmslos markiert sind und
- seine Ausgangszustände ausnahmslos markenfrei sind.

Ein Ereignis kann nur stattfinden, wenn es aktiviert ist. Findet ein Ereignis statt, so werden die Marken von seinen Ein-
gangszuständen entfernt und seine Ausgangszustände mit je
einer Marke belegt. Graphisch entspricht dies dem Übergang
von (a) zu (b) in Abb. 11.

3.2 Mathematische Umsetzung von Graphen und Netzen

Bei der Auswertung von größeren Graphen oder Netzen wird die
graphische Repräsentation leicht unübersichtlich; dies trifft
auch auf die Anwendung für komplexe Informationssysteme zu.
In diesem Fall ist daher die mathematische bzw. algebraische
Darstellung zweckmäßiger. Vor allem deshalb, weil die Technik
damit sehr viel eher rechnerunterstützt angewandt werden kann.

Eine Möglichkeit, einen gerichteten Graphen, d.h. Digraphen in
algebraischer Form darzustellen, wird als Adjazenzmatrix bezeichnet. Als Beispiel dient der in Abb. 12 dargestellte Graph:

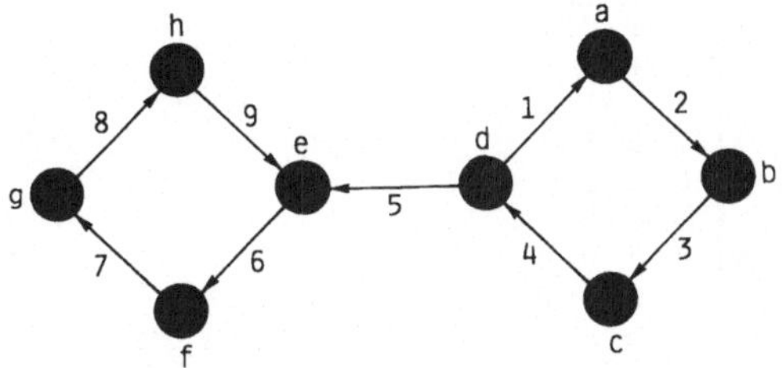

Abb. 12: Beispiel für einen gerichteten Graphen

Die zugehörige Adjazenzmatrix A lautet dann:

```
      | a  b  c  d  e  f  g  h
    --+------------------------
    a | 0  1  0  0  0  0  0  0
    b | 0  0  1  0  0  0  0  0
    c | 0  0  0  1  0  0  0  0
A = d | 1  0  0  0  1  0  0  0
    e | 0  0  0  0  0  1  0  0
    f | 0  0  0  0  0  0  1  0
    g | 0  0  0  0  0  0  0  1
    h | 1  0  0  0  0  0  0  0
```

Im Schnittpunkt von Zeilen und Spalten der Matrix, die nur
zur besseren Übersicht an den Eingängen die Bezeichnungen der
Ecken des Graphen trägt, steht eine Eins, wenn die durch die
Spalte bzw. Zeile repräsentierten Ecken durch eine gerichtete
Kante verbunden sind, wenn eine Ecke Nachfolger der anderen
ist; im Schnittpunkt steht eine Null, wenn es keine Verbindung
von der einen zur anderen gibt.

Die häufiger verwendete _Inzidenzmatrix_ setzt dagegen Ecken und
Kanten in Beziehung. Die entsprechende Inzidenzmatrix $\mathcal{C}$ lautet
dann:

$$
\mathfrak{C} = \begin{array}{c|ccccccccc}
 & 1 & 2 & 3 & 4 & 5 & 6 & 7 & 8 & 9 \\
\hline
a & -1 & +1 & 0 & 0 & 0 & 0 & 0 & 0 & 0 \\
b & 0 & -1 & +1 & 0 & 0 & 0 & 0 & 0 & 0 \\
c & 0 & 0 & -1 & +1 & 0 & 0 & 0 & 0 & 0 \\
d & +1 & 0 & 0 & -1 & +1 & 0 & 0 & 0 & 0 \\
e & 0 & 0 & 0 & 0 & -1 & +1 & 0 & 0 & -1 \\
f & 0 & 0 & 0 & 0 & 0 & -1 & +1 & 0 & 0 \\
g & 0 & 0 & 0 & 0 & 0 & 0 & -1 & +1 & 0 \\
h & 0 & 0 & 0 & 0 & 0 & 0 & 0 & -1 & +1 \\
\end{array}
$$

In den Schnittpunkten steht eine Eins, wenn die durch die
Zeile repräsentierte Ecke Endpunkt der durch die Spalte dargestellten Kante ist; es steht -1, wenn die Ecke Ausgangspunkt einer gerichteten Kante ist. Im Schnittpunkt steht eine
Null, wenn keine Verbindung zwischen Ecken und Kanten besteht.

Zum Aufzeigen der grundsätzlich vorhandenen Möglichkeit, sich
der Hilfsmittel des algebraischen Kalküls und damit der elektronischen Datenverarbeitung zu bedienen, sollen die hier nur
angedeuteten Sachverhalte genügen[1]. Wichtiger erscheint an
dieser Stelle, die Möglichkeiten der Petri-Netz-Theorie auf
die Anwendung bei der Informationssystemplanung sowie ihre
Grenzen in der Praxis aufzuzeigen.

3.3 Anwendung in der Informationssystemplanung

Die Petri-Netz-Theorie, übertragen auf die Problemstellungen
in der Informationssystemplanung, läßt folgende Analogien zu:
1. Das Petri-Netz-Element "Zustände" ist identisch mit der
   Beschreibung der Bedingungen, die zur Erfüllung einer
   administrativen Aufgabe und/oder der Erbringung einer ope-
   rativen/physikalischen Leistung (z.B. Transportvorgang)
   erforderlich sind.

2. Das Petri-Netz-Element "Ereignisse" ist identisch mit der
   administrativen Aufgabe der Informationsverarbeitung bzw.

---

1) Für eine eingehendere Betrachtung der mathematischen
   Zusammenhänge wird verwiesen auf REISIG 1982.

-verwertung, der Übermittlung oder der Speicherung durch
menschliche und/oder maschinelle Aufgabenträger.

3. Der Petri-Netz-Begriff "Prozeß" enthält eine Menge von
   "Zuständen" und "Ereignissen", die in Form gerichteter
   Graphen zu Prozessen bzw. Einzelvorgängen zusammenge-
   führt werden und/oder zu einem Prozeß- bzw. Vorgangsnetz
   verknüpft werden.

Die Anwendung der Petri-Netze für die Informationssystemplanung bietet eine Reihe von Vorteilen, die einen kontinuier-
lichen Übergang zu Definitionen der Ablaufsteuerung und der
dazu erforderlichen Bedingungen ("Markierungen" der "Zustände"
zur "Aktivierung" von "Ereignissen") sicherstellen. In der
Praxis besteht z. Zt. bei der Anwendung der Petri-Netz-Theorie jedoch die Schwierigkeit, daß diese nicht in der geeigneten Form - von der partiellen Abbildungsmöglichkeit über
die Netzplantechnik einmal abgesehen - computergestützt ver-
waltet werden können. Benötigt wird ein "Petri-Netz-Dokumen-
tationssystem", welches neben Prüfroutinen der Kausal- und
Schaltlogik eine nach Möglichkeit graphengerechte Darstellungsform bietet.

Die Entwicklung eines solchen rechnergestützten Dokumentations-
systems zur Anwendung der Petri-Netz-Theorie im Rahmen der
Informationssystemplanung hätte jedoch den Rahmen dieser Arbeit gesprengt und wäre der hier gestellten Aufgabe, ein pra-
xisnahes Planungsinstrumentarium für den Anwender zu erarbei-
ten, nicht gerecht geworden. Dennoch ist der Autor der Meinung,
daß die Petri-Netztechnik bei einer weiteren Durchdringung der
hier gestellten Aufgabe eine intensivere Auseinandersetzung
lohnenswert erscheinen läßt.

Stattdessen wurde hier eine induktiv-orientierte Vorgehensweise gewählt, die die in real durchgeführten Betriebsunter-
suchungen gewonnenen Erfahrungen mit Hilfe logisch abgeleiteter
Arbeitsschritte in ein systematisch aufgebautes Instrumentarium
einfließen läßt.

4. Informationssystem - Analyse

Die Informationssystem-Analyse kann allgemein im Rahmen der
Systemanalyse als heuristisches Verfahren definiert werden,
durch das die Elemente und Beziehungen eines Systems, die im
Anfangsstadium der Systemanalyse noch weitgehend unbekannt
sind, im Sinne einer sukzessiven Annäherung ermittelt werden.
Bei der Bestimmung des später zu gestaltenden Informationssystems handelt es sich um eine Vorgehensweise, bei der die
vier Stufen der Systemanalyse unter Umständen mehrfach zu
durchlaufen sind. Dieser Zusammenhang läßt sich durch folgendes einfaches Schaubild wiedergeben (vgl. Abb. 13):

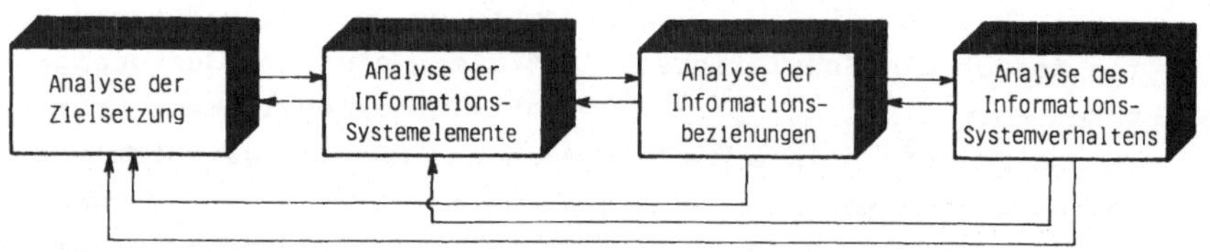

Abb. 13: Die Stufen der Systemanalyse (vgl. MEFFERT 1975, S. 23)

1) Die Zielanalyse beinhaltet die Feststellung der konkreten
   informationellen Zustände und Eigenschaften, welche das zu
   erstellende Informationssystem erbringen soll.

2) Bei der Analyse der Systemelemente handelt es sich um die
   Untersuchung und Interpretation des Inputs und Outputs von
   Informationen sowie des Prozesses der Informationsverarbei-
   tung.

3) Systembeziehungen werden immer dann untersucht, wenn der
   Output eines Elements zum Input eines anderen in Verbindung
   gebracht wird.

4) Die Analyse des Systemverhaltens setzt an den in den voran-
   gegangenen Stufen ermittelten Elementen und Beziehungen des
   Systems an. Sie ist die Grundlage für die Systemvorgaben
   zur Grobprojektierung.

4.1 Analyse der Zielsetzung

Es kann nicht davon ausgegangen werden, daß die im Rahmen der
Informationssystemplanung zu berücksichtigenden Ziele vorgegeben sind. Sind Ziele formuliert, so sind sie häufig zu vage
("Schaffung eines effektiven Logistik-Informationssystems")
oder zu speziell ("Bereitstellung des Produktionsplanes für
die Mitarbeiter A per Bildschirm"), so daß sie entweder kein
operationales Entscheidungskriterium bilden oder das Problem
von vornherein zu sehr einengen.

Die Formulierung von Zielen ist nicht unabhängig von den möglichen Mittelentscheidungen, um diese zu erreichen. Es wird
vielmehr angenommen, daß operational formulierte Ziele häufiger das Ergebnis von Möglichkeiten sind, die Alternativen
bieten, als der Ausgangspunkt für solche Alternativen. Die
Attraktivität eines Zieles hängt offenbar auch von den Kosten
und Schwierigkeiten seiner Erreichung ab. Umgekehrt sind
diese Informationen erst in der Analyse selbst zu gewinnen.
Es kann daher angenommen werden, daß im allgemeinen eine Formulierung konkreter Ziele erst möglich ist, wenn eine inten-
sive Analyse von Detailaspekten des Gesamtkomplexes durchgeführt wurde, da nur dann die Beschränkungen sichtbar werden.
Dies kann erst nach mehrmaligem Durchlaufen der Stufen der
Systemanalyse der Fall sein.

Im ersten Stadium der Informationsanalyse ist eine Konkreti-
sierung der Ziele auch nur insoweit erforderlich, als bestimmte elementare Zielsetzungen bzw. Rahmenziele vorgegeben werden
müssen, die z.T. Anlaß für die Neugestaltung von Informationssystemen sind, oder die allgemein während der Informationssystemplanung auf Grund unternehmungsspezifischer Gegebenheiten eingehalten werden müssen (vgl. dazu Tab. 3).

Desweiteren müssen vor der ersten Analyse der Systemelemente
und ihrer Beziehungen untereinander bestimmte, betriebsspezi-
fische Ziele formuliert werden, die Konsequenzen bereits speziell für die Ist-Aufnahme des Informationssystems haben können
(vgl. dazu Tab. 4).

Elementare Zielsetzungen
• Sicherstellung des notwendigen Informationsbedarfs aller Logistik-Bereiche
• Vermeidung von redundanten Informationsgenerierungen, -flüssen sowie -verarbeitungen
• Sicherstellung der Verständlichkeit und Übersichtlichkeit von Informationen
• Vermeidung von unnötig aufwendigen bzw. überflüssigen Arbeiten
• Berücksichtigung der möglicherweise eintretenden Zunahme des zukünftigen Verarbeitungsvolumens an Informationen (z.B. Anzahl Artikel)
• Anstreben bestimmter Reaktionszeiten (z.B. Auftragsbearbeitungszeiten/Lieferzeiten)
• Anstreben bestimmter Kostenziele für den Betrieb von Informationssystemen
• Erreichen von vorzugebenden Betriebssicherheiten der Informationssysteme
• Berücksichtigung zukünftiger technischer Entwicklungen bei der Informationstechnologie
• Berücksichtigung von kurz- und langfristigen Unternehmungszielen und -plänen
• Erhaltung gewisser Gestaltungs- und Entscheidungsfreiheiten der Mitarbeiter
• Sicherung bisheriger Erfahrungen der Mitarbeiter
• Berücksichtigung der Akzeptanz der Mitarbeiter bei der Einführung von neuen Informationssystemen

Tab. 3: Zielsetzungen, die entweder Anlaß für die Neugestaltung von Informationssystemen sein können, oder die die Informationssystemplanung als Rahmenziele begleiten

Mögliche Ziele	Mögliche Konsequenzen
Einhaltung des vorgesteckten Zeitraumes für die Systemanalyse bzw. -planung	Erstellung eines realistischen Zeitplanes
Einhaltung bestimmter Kostengrenzen für die Systemanalyse	Erstellung eines realistischen Kostenplanes Entscheidung über Eigen- oder Fremderstellung der Analyse
Einhaltung bestimmter Personalkapazitätsgrenzen für die Systemanalyse	Entscheidung über Eigen- oder Fremderstellung der Analyse
Berücksichtigung von kurz- und langfristigen Unternehmungszielen und -plänen	Einfluss auf Auswahl und Schwerpunktbildung der zu betrachtenden Funktionen
Berücksichtigung vorhandener oder geplanter aufbau- oder ablauforganisatorischer Gegebenheiten	Einfluss auf Auswahl und Schwerpunktbildung der zu betrachtenden Systemelemente
Sicherstellung des notwendigen Informationsbedarfs aller Logistikbereiche	Abgrenzung der firmenspezifischen Logistik-Problematik für die Auswahl der zu betrachtenden Systemelemente und -funktionen
Möglichkeit der Integration der Nicht-Logistikbereiche in ein gesamtbetriebliches Informationssystem	Schnittstellenberücksichtigung bei der Auswahl der zu beachtenden Systemelemente
Berücksichtigung der Akzeptanz der Mitarbeiter bei der Einführung von neuen Informationssystemen	Frühzeitiges Einbeziehen und Aufklären der betroffenen Mitarbeiter in die Analyse
Sicherung bisheriger Erfahrungen der Mitarbeiter	Nutzbarmachung des Wissens der Mitarbeiter während der Analyse

Tab. 4: Mögliche Ziele und Konsequenzen, die vor der Ist-Aufnahme des Informationssystems festgelegt werden sollten

Wichtig bei diesen Zielvorgaben ist, daß die Freiheit hinsichtlich der Verfolgung sich erst im weiteren Vorgehen ergebender Ziele nicht unnötig eingeschränkt wird.

4.2 Erfassung des Ist-Zustandes

Grundlage einer jeder Änderung bestehender Systeme ist die
genaue Kenntnis des gegenwärtigen Zustandes dieser Systeme
(vgl. MEFFERT 1975, S. 92). Die Erfassung des Ist-Zustandes
des Logistik-Informationssystems ist die Voraussetzung, um
nach der Bestimmung des Logistik-Informationsbedarfs im weiteren eine Gegenüberstellung von Informationsangebot und
-bedarf zu ermöglichen, aus der sich unmittelbar die Schwachstellen sowie erste Hinweise für Grobprojektierungs-Vorgaben
ergeben. Die Erfassung des Ist-Zustandes beinhaltet sowohl
die Erfassung der Elemente als auch der Beziehungen zwischen
den Elementen des Informationssystems.

4.2.1 Abgrenzung des Untersuchungsbereiches

Um für die Erfassung des Ist-Zustandes festzulegen, welche Mitarbeiter Gegenstand der Untersuchung sein sollten, muß das
System Gesamtunternehmung aufgelöst werden in seine Subsysteme
und Elemente. Dabei sind folgende Fragen zu beantworten:

1) Sollen alle Aspekte gemäß der Logistik-Definition berücksichtigt werden, nämlich die der

    - Gestaltung,
    - Planung,
    - Steuerung und
    - Kontrolle ?

2) Welche Aufgaben sind gemäß der Logistik-Abgrenzung zu
   betrachten?

3) Sollen die Logistik-relevanten Aufgaben und Informationen
   in aufbauorganisatorischer Hinsicht sowohl in horizontaler
   (auf einer Hierarchieebene) oder auch durchgängig in ver-
   tikaler Richtung (über alle Hierarchieebenen) berücksichtigt werden?

4) Ist es nach Auswahl der Abteilung ausreichend, repräsenta-
   tiv nur den Leiter oder einen Stelleninhaber zu befragen?

5) Welche Bedingungen sollte der zu befragende Mitarbeiter
   erfüllen?

Zu 1): Die Gestaltung der logistischen Bewegungs- und Speichervorgänge soll gemäß der hier vorliegenden Aufgabenstellung nicht
untersucht werden. Da im Rahmen dieser Arbeit der Informationsfluß und die Informationsverarbeitung behandelt werden, sind
hier von Bedeutung die Funktionen der Planung, Steuerung und
Kontrolle, da vornehmlich hierfür das Vorhandensein der geeigneten Informationen von ausschlaggebender Bedeutung ist. Wenn
gemäß der Klassifizierung der Logistik-Aufgaben (vgl. Tab. 2,
S. 30) z.B. von Lagerung oder Transport gesprochen wird, soll
nicht die Ausführung der Lager- und Transporttätigkeit mit Hilfe
von Maschinen und technischen Einrichtungen untersucht werden,
sondern lediglich die Planung, Steuerung und Kontrolle dieser
Menschen und Einrichtungen. Dabei soll sich die Planung hinsichtlich Planungszeitraum und Planungsinhalt lediglich auf die Maßnahmen beziehen, die bei gegebener Produktpalette, technischer
Ausrüstung und vorhandenem Personal erforderlich sind, um bei
gegebener oder zu erwartender Nachfrage den Kunden gerecht zu
werden - z.B. Transportplanung im Gegensatz zur Planung eines
neuen Lagers.

Zu 2): Für die Auswahl der zu untersuchenden Verrichtungen
bzw. Aufgaben im Rahmen der Gesamtaufgabe der Logistik hat
sich im Laufe der Analyse in den untersuchten Unternehmungen
die Berücksichtigung der gemäß Tab. 2, S. 30 aufgeführten
Logistik-relevanten Aufgaben im Sinne einer ganzheitlichen
Prozeßbetrachtung als zweckmäßig erwiesen. Eine Variation
dieser Auswahl kann je nach Ausprägung der unternehmungsspezifischen Gegebenheiten oder durch die Beachtung der im Rahmen der Analyse der Zielsetzung aufgestellten Ziele erforderlich sein.

Zu 3): Die Festlegung der Instanzen auf einer Hierarchieebene
(horizontal) ergibt sich durch die unter 2) vorgenommene Auf-
gabenabgrenzung: In welchen Abteilungen werden vollständig
oder teilweise die festgelegten Aufgaben behandelt? Die Frage
nach der informationellen vertikalen Durchdringung der Aufbauorganisation soll in dieser Arbeit wie folgt beantwortet
werden:

Falls die Konzipierung der Informations-Infrastruktur unter
dem Gesichtspunkt der Schaffung von umfassenden Management-
Informations-Systemen (MIS) erfolgen soll, sollte streng hie-
rarchisch, oder besser gesagt: informations-hierarchisch,
"von oben nach unten" vorgegangen werden (vgl. HENSSLER 1983).
In dieser Arbeit soll jedoch kein MIS-Planungsvorgehen entwickelt werden, sondern es wird die Logistik-Informationssy-
stemplanung behandelt, so daß die Berücksichtigung der informationellen Aspekte bis maximal zur Abteilungsebene weitgehend
ausreicht - entsprechend der Abgrenzung der Planung, Steuerung
und Kontrolle unter 1).

Zu 4): Werden in einer Abteilung Logistik-relevante Aufgaben
wahrgenommen, hängt es von der Teilaufgabenstruktur ab, ob ein
oder mehrere Stelleninhaber berücksichtigt werden müssen. Be-
fassen sich die Mitarbeiter mit ähnlichen Teilaufgaben, die
sich nur durch die Zuordnung der Objekte unterscheiden (z.B.
Absatzplanung gegliedert nach Produktgruppen), so kann der
Aufwand bei der Ist-Aufnahme durch Betrachtung bzw. Befragung
nur eines Mitarbeiters erheblich reduziert werden. Läßt die
vorliegende abteilungsbezogene Aufgabenstruktur dies nicht zu,
so muß geprüft werden, ob der Leiter der Abteilung die notwendigen Detailkenntnisse besitzt, um den Informationsaustausch
in seiner Abteilung aufzeigen zu können.

Zu 5): Die Analyse von Logistik-Informationssystemen in fünf
Untersuchungsfeldern hat ergeben, daß bestimmte Anforderungen
an die entsprechenden Stelleninhaber zu stellen sind:

- Langjährige Erfahrung in der Position.

- Detaillierte Kenntnis über den abteilungs- bzw. stellen-
  bezogenen Informationsfluß bzw. -verarbeitung.

- Verständnis für den Sinn bzw. Zweck der Untersuchung.

- Gewissenhaftigkeit in der Beantwortung der Fragen.

- Fähigkeit, über "eingefahrene Gleise" hinaus denken
  zu können.

4.2.2 <u>Vorgehen bei der Erfassung des Ist-Zustandes</u>

Bei jedem Systemprojekt steht der Systemorganisator vor der
Notwendigkeit, sich Klarheit über alle von ihm als erforderlich erachteten Parameter zu beschaffen, z.B. durch Interviews,
Fragebögen, Auswertung vorhandener Betriebsunterlagen, Prüfungen an Ort und Stelle usw.. Dabei haben die durchgeführten
Untersuchungen gezeigt, daß es sich empfiehlt, den Mitarbeitern der betroffenen Abteilungen

1. ein möglichst vollständiges Bild vom
   Hintergrund des Projekts zu vermitteln,

2. die Zielsetzung des Projekts zur Kenntnis zu bringen,

3. einen Einblick in die Details des Projektablaufs
   zu geben und schließlich

4. die Notwendigkeit ihrer aktiven Unterstützung
   klar vor Augen zu führen.

Hierdurch kann weitgehend vermieden werden, daß das Systemprojekt nicht in der gewünschten Weise unterstützt wird.

Wenn die Erfassung des Ist-Zustandes des Logistik-Informationssystems ihren Zweck erfüllen soll, müssen bei ihrer Durchführung bestimmte Grundsätze beachtet werden. Hierbei handelt es
sich darum, daß die beschafften Informationen vollständig,
möglichst richtig oder ausreichend genau und schließlich aktuell
sein müssen. Die Informationsbeschaffung ist vollständig, wenn
kein systemorganisatorisch relevanter Tatbestand unberücksichtigt geblieben ist; sie ist genau, wenn die Informationen der
Wirklichkeit entsprechen, und aktuell, wenn die Informationen
eine Situation kennzeichnen, die auch noch zum Zeitpunkt der
Auswertung als gegenwartsnah angesehen werden kann. Die Nicht-
erfüllung dieser Forderungen kann zur Folge haben, daß die an
die Erfassung des Ist-Zustandes anschließende Informationssystemanalyse zu völlig abwegigen Ergebnissen führt (vgl. SOMMER
1971, S. 129).

Die für die Informationssystemanalyse geltenden Ziele erfor-
dern im Hinblick auf die Wahl der Technik oder Techniken eine
Ermittlung der

- Arbeitsinhalte der betrachteten Stelleninhaber,
- Informationssender und -empfänger,
- Informationsinhalte,
- Informationseigenschaften sowie der Art der
- Informationsverarbeitung.

Aufgrund dieser Zielsetzung kommen grundsätzlich die gemäß
Abb. 9 aufgeführten Techniken in Frage (vgl. dazu MEFFERT
1975, S. 88 ff.; STEINBUCH 1977, S. 236 ff.):

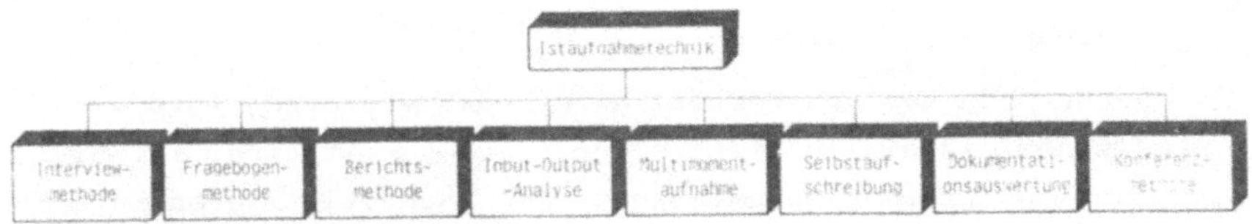

Abb. 14: Techniken für die Ist-Aufnahme von
         Informationssystemen

Im folgenden werden diese Techniken kurz mit ihren wesentlichen
Kennzeichen sowie Vor- und Nachteilen vorgestellt.

<u>Interviewmethode</u>

Kennzeichen:
- Direkte Befragung der ausgewählten Stelleninhaber
  entsprechend der vorgegebenen Problemstellung.
- Kein systematisches Vorgehen, Flexibilität in der
  Fragestellung.

Die Vorteile der Interviewmethode liegen im direkten Kontakt
mit den Befragten, der eine sofortige Ausräumung von Mißver-
ständnissen möglich macht. Durch die Möglichkeit informeller
Mitteilungen können Schwachstellen aufgespürt und lokalisiert
werden. Es erfolgt u.U. eine stärkere Motivierung des Gesprächs-
partners bei gleichzeitiger Herstellung einer Vertrauensbasis.

Nachteilig ist der hohe Zeitaufwand und die damit hohen Kosten
der Durchführung. Dazu kommt - das haben die im Rahmen dieses
Projektes durchgeführten Erhebungen gezeigt -, daß die Interviewten im Gespräch weniger "überlegte" bzw. abgesicherte Antworten geben, was den Systemorganisator u.U. im weiteren zu
aufwendigen Überprüfungen zwingt.

Fragebogenmethode

Kennzeichen:

- Benutzung eines der Problemstellung gerecht werdenden
  Fragebogens.
- Rationale Informationserfassung durch einheitlich
  festgelegtes Schema.

Diese Methode hat den Vorteil einer dokumentierten Auskunft
nach einem einheitlich festgelegten Schema mit einer relativ
rationalen Informationserfassung. Die Nachteile liegen in der
unpersönlichen Vorgehensweise, die es nicht gestattet, psy-
chologische Widerstände abzubauen, in der Möglichkeit von Miß-
verständnissen sowie in dem erforderlichen Auswertungsaufwand
bei freien Antworten.

Berichtsmethode

Kennzeichen:

- Erstellung eines Berichtes durch den Systembenutzer
  bzw. Stelleninhaber.
- Bezugnahme auf fixierte Punkte, aber keine exakten
  Fragestellungen.

Diese Technik bleibt auf qualifizierte Mitarbeiter beschränkt,
die sich bei einem hohen Freiheitsgrad der Antwort nur auf die
Ermittlung von Unzulänglichkeiten im Informationsfluß, auf die
Beschreibung von Arbeitsabläufen und organisatorischen Zusam-
menhängen anwenden lassen. Der Nachteil dieser Methode liegt
darüber hinaus in einem hohen Aufwand bei der Auswertung und
der Gefahr der mangelnden Objektivität der Berichte.

<u>Input-Output-Analyse</u>

Kennzeichen:

- Charakterisierung eines Systems im Hinblick auf die
  Merkmale, die für dessen Dynamik verantwortlich sind.
- Ermittlung aller ein- und ausgehenden Informationen.
- Berücksichtigung des Informationssenders, -empfängers,
  -inhalts, der Informationseigenschaften sowie der Art
  der Informationsverarbeitung.

Die Input-Output-Analyse ermöglicht es, die für ein Systemelement festgestellte Informationsbeziehung bei dem mit dem
Element in Verbindung stehenden anderen Systemelement zu überprüfen. Abweichungen zwischen Output des einen und Input des
anderen Elementes bezüglich einer einzelnen Informationsbeziehung lassen ggf. Schlüsse auf Störungen oder Schwachstellen des Informationssystems zu (vgl. GROCHLA u.a. 1977, S. 19).

<u>Multimomentaufnahme</u>

Kennzeichen:

- Ableitung von statistisch gesicherten Mengen- oder
  Zeitangaben aus einer Vielzahl von Momentaufnahmen.
- Einhaltung eines genau festgelegten Beobachtungs-
  planes durch den Systemanalytiker.

Im Zusammenhang mit der Ist-Aufnahme von Informationssystemen
besteht die Möglichkeit, die Häufigkeit des Empfangs und der
Weitergabe sowie die Dauer der Verarbeitung von Informationen
zu ermitteln, die nicht regelmäßig erscheinen. Somit würde
sowohl das Multimoment-Häufigkeitszählverfahren (MMH-Verfah-
ren) als auch das Multimoment-Zeitmeßverfahren (MMZ-Verfahren)
zur Anwendung kommen.

<u>Selbstaufschreibung</u>

Kennzeichen:

- Ermittlung von Mengen- und Zeitangaben durch den
  Stelleninhaber selbst.

Die Nachteile dieser Technik bestehen darin, daß die Gefahr
einer bewußten und gezielten Verfälschung nicht ausgeschlos-

sen werden kann und in den oft erheblichen Widerständen gegen
diese Istaufnahmeart.

<u>Dokumentationsauswertung</u>

Kennzeichen:

- Auswertung von Dokumentationen durch den Systemanalytiker.

Die Anwendung der Dokumentationsauswertung bedingt, daß das aufzunehmende System hinreichend dokumentiert sein muß und abge-
sichert ist, daß es zwischen dem Dokumentationsinhalt und dem
Ist-Zustand kaum Abweichungen gibt oder daß diese bekannt sind.
Die Vorteile dieser als Vorinformation geeigneten Technik sind
geringer Aufwand, Entfall der Aufnahmedokumentation sowie die
geringe Störung des Arbeitsablaufes. Nachteilig ist, daß eine
hinreichende Dokumentation des Systems meist nicht exisiert
oder daß die Übereinstimmung des Dokumentationsinhaltes mit dem
Ist-Zustand trotzdem geprüft werden muß.

<u>Konferenzmethode</u>

Kennzeichen:

- Durchführung eines Gesprächs mit allen wesentlichen
  Systembeteiligten (maximale Teilnehmerzahl: 10).
- Anwendung vorwiegend bei hochkomplexen, bereichsüber-
  schreitenden oder interdisziplinären Systemen.

Beim Vorliegen von Streitfällen können diese durch die Konferenz
u.U. geklärt werden, dem steht die Gefahr der Ineffizienz gegenüber.

Stellt man die Forderungen an die Technik zur Erfassung des
Ist-Zustandes aufgrund der in der Praxis gemachten Erfahrungen
zusammen, ergibt sich das entsprechend Tab. 5 aufgezeigte Bild.
In dieser Übersicht fehlt die Technik der Input-Output-Analyse,
weil es sich hierbei um eine quasi übergeordnete Vorgehensweise
handelt, da die Feststellung des Inputs bzw. Outputs an Informationen sowie ihre Verarbeitung mit Hilfe einer oder mehrerer
der in Tab. 5 aufgeführten Techniken erfolgen muß. Die Notwendigkeit der Anwendung der Input-Output-Analyse wird in Kap.
4.3.1.1, S. 66 ff. deutlich.

Technik / Forderung	Interview-methode	Fragebogen-methode	Berichts-methode	Multimoment-aufnahmen	Selbstauf-schreibung	Dokumenta-tionsaus-wertung	Konferenz-methode
Wirklichkeitsnahe Abbildung des Ist-Zustandes (Genauigk.)	1[a]	1	0	2	1	1[b]	1
Berücksichtigung aller system-relevanten Tatbestände	2	2	0	0	1	1[b]	0
Aktualität der Abbildung des Ist-Zustandes	2	2	2	2	2	1	2
Objektivität des Erhebungs-materials	1	1	0	2	1	2	0
Günstiges Verhältnis von Aufwand zu Nutzen	1	2	1	1	1	2	1
Motivation der Systembe-teiligten	2	1	1	0	0	-	2
Vermeidung von Missverständ-nissen	2	1	0	1	1	-[b]	2
Vermeidung der Gefahr der bewussten Verfälschung	1	1	0	1	1	-	0
Geringe Störung des Arbeits-ablaufs	0	1	1	1	1	2	2

a) Hängt ab von der Erfahrung und Eignung des Fragenden und des Befragten
b) Hängt ab von der Güte der Dokumentationsunterlagen

Tab. 5: Übersicht über die Eignung möglicher Techniken zur Ist-Aufnahme von Informationssystemen: 0 ≙ Forderung kaum erfüllt; 1 ≙ Forderung teilweise erfüllt;
2 ≙ Forderung erfüllt

Beschreibt man die Eignung der alternativen Techniken qualitativ ohne Durchführung einer Gewichtung mit sogenannten "Erfül-
lungsgraden" (von O bis 2), so scheidet die Berichtsmethode von
vornherein wegen der insgesamt geringen Erfüllung der zu stellenden Forderungen aus (vgl. Tab. 5). Die Selbstaufschreibung
eignet sich nach den während der Ist-Aufnahme gemachten Erfahrungen neben der Gefahr der Verfälschung deshalb nicht, weil
trotz genauer Anweisungen und Information der Mitarbeiter offensichtlich nicht immer erwartet werden kann, daß mit der
erforderlichen Sorgfalt alle systemrelevanten Tatbestände berücksichtigt werden, bzw. daß die Zielsetzung der Analyse hinreichend verstanden wird; der Freiheitsgrad für den "Aufschrei-
benden" ist offenbar zu groß. Die Konferenzmethode scheidet
für die hier behandelte Problematik aus, da lediglich Anregungen und Ideen für Teile der Systemanalyse und die Systemgestaltung gewonnen werden können (vgl. MEFFERT 1975, S. 90).

Die Multimomentaufnahme kam im Rahmen der in den Betrieben
durchgeführten Ist-Aufnahmen nicht zur Anwendung, da sie den
ohnehin schon sehr hohen Aufwand zusätzlich erhöht hätte und
mit dieser Technik nur Zeitstudien sinnvoll durchgeführt werden
können. Zur Feststellung der durchschnittlichen Zeitaufwände
für die Gewinnung, den Transport und die Verarbeitung von
Informationen kann dieses Verfahren jedoch u.U. unerläßlich
sein.

Da die Dokumentation von vorhandenen Logistik-Informationssystemen in der Praxis meist sehr mangelhaft ist, muß die Dokumentationsauswertung als alleinige Technik häufig ausschei-
den. Eine sinnvolle Anwendung ergibt sich jedoch für die vor
Beginn der Befragung durchzuführenden Vorabinformationen über
die Aufgaben bzw. Arbeitsinhalte der einzelnen Stelleninhaber
mit Hilfe der meist vorliegenden Stellenbeschreibungen. Auch
zur detaillierten Feststellung der Informationsinhalte bei
schriftlichen Informationen sollten die entsprechenden Unterlagen ausgewertet werden.

Als Basisverfahren zur Erfassung des Ist-Zustandes sollte eine
Kombination von Interview- und Fragebogenmethode zur Anwendung
kommen, da sich diese Techniken mit ihren spezifischen Vor- und
Nachteilen sinnvoll ergänzen. Zwar erfordert das Interview
einen erfahrenen und qualifizierten Organisator, doch besteht
dann eine hohe Wahrscheinlichkeit dafür, den tatsächlichen
Ist-Zustand zu erfassen, Vertiefungsmöglichkeiten durch Zusatz-
und Verständnisfragen zu haben und den Befragten motivieren zu
können. Die Unterstützung des Interviews durch einen Fragebogen,
der dem Mitarbeiter vor dem Interview zum Ausfüllen zur Verfügung gestellt wird, sorgt für schriftliche Ergebnisse, die meist
auf gründlicheren Überlegungen beruhen, als solche, die bei
spontaneren Antworten während des Interviews zu erwarten sind.
Auch läßt die Art der Ausfüllung des Fragebogens Rückschlüsse
auf die Befähigung und die Bereitschaft zu, der aufgezeigten
Problematik gerecht zu werden.

Nach Festlegung der im Rahmen der Ist-Erfassung zu berücksichtigenden Stelleninhaber, erfolgt vor Beginn der Interviews eine
allgemeine Informationsphase über die Abläufe in und zwischen
den Logistik-relevanten Abteilungen, falls dem Systemanalytiker
der umfassende Überblick über die aufbau- und ablauforganisato-
rischen Gegebenheiten fehlt. Weiterhin müssen die betriebsspezifischen Besonderheiten und Probleme bekannt sein, um bei der
Untersuchung nicht wesentliche Aspekte zu übersehen oder tief-
greifend genug zu behandeln. Danach erfolgt eine Auswertung von
Unterlagen, die - soweit vorhanden - möglichst detailliert Auskunft über die durch den Mitarbeiter durchzuführenden Arbeiten
bzw. Aufgaben geben sollten. Anschließend werden die einzelnen
Aufgaben gem. vorliegender Abgrenzung des Untersuchungsbereichs
in ein Formblatt eingetragen (vgl. Abb. 15), wobei nur die Logistik-relevanten bzw. die gem. Abgrenzung in Kap. 4.2.1 zu er-
fassenden Aufgaben berücksichtigt werden - also beispielsweise
nicht 'langfristige Planungen'. In der Zeile 'Logistik-Aufgaben' werden die Aufgaben gem. Tab. 2, S. 30 eingetragen, die
der betrachtete Stelleninhaber teilweise oder vollständig be-
arbeitet.

<table>
<tr><td colspan="2">Projekt   :</td></tr>
<tr><td colspan="2">Abteilungsbezeichnung :</td></tr>
<tr><td colspan="2">Logistik-Teilaufgaben :</td></tr>
<tr><td>Name   :</td><td>befragt am :</td></tr>
<tr><td>lfd.Nr.</td><td>Logistik-Teilaufgaben</td></tr>
</table>

Abb. 15: Formblatt "Teilaufgaben des Stelleninhabers"

Kann das Formular vor dem Interview ausgefüllt werden, ist
während des Interviews trotzdem eine Überprüfung dahingehend
sinnvoll, die Aktualität, Vollständigkeit und Richtigkeit
der dokumentierten Angaben sicherzustellen. Die durchgeführten Untersuchungen zeigten, daß vorhandene Stellenbeschreibungen in den seltensten Fällen unverändert übernommen werden
konnten.

Für die Ermittlung allgemeiner Informationen über den mitar-
beiterbezogenen Informationsfluß hat sich die Ausgabe eines
Fragebogens etwa eine Woche vor dem Interview bewährt, vgl.
Abb. 16.

Diese Fragen sind das Ergebnis umfangreicher Voruntersuchungen,
die in 21 Unternehmungen durch Befragung etwa 120 Mitarbeiter
in Logistik-Abteilungen durchgeführt worden sind. Sie spiegeln
letztlich die häufig genannten, allgemein vorkommenden Schwachstellen wieder und erlauben, bereits zu Anfang der Analyse,
Schwerpunkte zu setzen.

Zur Unterstützung der mitarbeiterbezogenen Input-Output-Analyse hat sich sowohl für die Erfassung des Ist-Zustandes als
auch für die weiterführende Analyse das im Anhang auf Seite 148
dargestellte Formular bewährt (Abb. 34)[1], das vom Systemana-

---

1) Die Abteilungsbezeichnungen der in Kurzform angegebenen Sender bzw. Empfänger von Informationen sind im Anhang (Tab.
   20, S. 149) aufgeführt.

Projekt	: Analyse Logistik-Informationssystem	
Abteilungsbezeichnung :		
Logistik-Aufgaben :		
Name :		ausgegeben am :

lfd.Nr.	Fragen zur Bewertung des Ist-Zustandes
1	Ist die Verantwortung und Kompetenz (Befugnis) der Position klar und eindeutig schriftlich niedergelegt worden?
2	Entspricht die Abgrenzung des Tätigkeitsbereiches gemäss der Stellenbeschreibung der täglichen Praxis?
3	Welche Aufgaben sollten Ihrer Meinung nach zusätzlich zu Ihrem Tätigkeitskatalog gehören; welche Aufgaben sollten anderen Abteilungen zugeteilt werden?
4	In wieweit ist der Empfang bzw. die Weitergabe von Informationen vorgegeben bzw. festgeschrieben?
5	Ist die Beschaffung von Informationen generell zu aufwendig bzw. zeitraubend?
6	Welche notwendigen Informationen können nicht beschafft werden?
7	Ist die Informationsverarbeitung häufig zu aufwendig?
8	Ist die Aktualität der zur Verfügung stehenden Informationen zufriedenstellend?
9	Kommen teilweise dieselben Informationen mehrfach bzw. von mehreren Seiten?
10	Kommen überflüssige Informationen, die gar nicht verwertet werden (z.B. EDV-Listen)?
11	Sind die schriftlichen bzw. Bildschirminformationen -vor allem EDV-Listen und Bildschirmmasken- arbeitsgerecht aufgebaut?
12	Wie ist die Zusammenarbeit mit dem EDV-Bereich? Können die an ihn herangetragenen Wünsche erfüllt werden?
13	Worin sehen Sie die vier gravierendsten Schwachstellen des gegenwärtigen Logistik-Informationssystems?

Abb. 16: Fragebogen zur Bewertung des mitarbeiterbezogenen
Informationsflusses

lytiker im Beisein des Befragten ausgefüllt werden sollte.
Die Angaben in diesem Erfassungsformular sind die Basis für
alle nachfolgenden Analyse- und Planungsschritte. Der Inhalt
der einzelnen Spalten läßt sich wie folgt erläutern:

Informations-Nr., Informationsbezeichnung

Die ersten zwei Spalten dienen der eindeutigen Identifizierung der Informationen.

Inhalt der Information/Genauigkeit der Information

Hier werden - unabhängig von globalen, den Inhalt oft verfälschenden Informationsbezeichnungen - die wichtigsten Inhalte der Information (vor allem bei schriftlichen Informationen) in Stichworten wiedergegeben. In einigen Fällen empfiehlt sich darüber hinaus eine Angabe zur Genauigkeit, z.B. ob eine Artikelnummer in 3-, 5-, oder 7-stelliger Form auftritt oder ob Angaben von Stückzahlen in Betriebsaufträgen sich auf Wochen oder Tage beziehen.

Informationsträger

Der Informationsträger bezeichnet das Medium, mit dessen Hilfe eine Information gespeichert bzw. zwischen 2 Systemelementen übertragen wird. Dabei hat sich die Unterscheidung zwischen 9 verschiedenen Informationsträgern als zweckmäßig erwiesen, vgl. Tab. 6. Hiermit sind alle Informationsträgerarten aufgeführt, die bei der Grobprojektierung (vgl. Kap. 5) berücksichtigt werden.

Abkürzung	Informationsträger
M	mündlich
FM	fernmündlich
S	schriftlich
FS	fernschriftlich
S-FO	schriftlich auf Formblatt
EDV-L	EDV - Liste
EDV-F	EDV - Formblatt
T-B	Terminal im Batch
T-RT	Terminal im Real Time (Dialog)

Tab. 6: Arten von Informationsträgern mit Abkürzungen

Häufigkeit/Regelmäßigkeit

In diese Spalte wird eingetragen, ob eine Informationsart (z.B. Absatzzahlen) regelmäßig, und wenn ja, wie häufig empfangen oder weitergegeben wird. Es sind die gem. Tab. 7 aufgeführten Beschreibungen denkbar. Die hier vorgenommene Differenzierung ergab sich nach den ersten Untersuchungen und hat sich im weiteren als ausreichend erwiesen.

Abkürzung	Häufigkeit/Regelmässigkeit
JNB	je nach Bedarf
LFD	laufend
TGL	täglich
WTL	wöchentlich
MON	monatlich
6-MON	alle 6 Monate
JRL	jährlich

Tab. 7: Mögliche Angaben für die Häufigkeit bzw. Regelmäßigkeit von Informationen

Terminierung

Diese Spalte wird ausgefüllt, wenn die entsprechende Information regelmäßig auftrittt und der Zeitpunkt, zu dem der Informationsprozeß stattfindet, näher beschrieben werden kann. Beispiele für solche Angaben zeigt Tab. 8.

Informationssender/-empfänger

Hier werden das betrachtete Systemelement und das hinsichtlich des jeweiligen Informationsaustausches benachbarte Element oder Elemente eingetragen; außerdem geht hieraus auch hervor, ob es sich um eine empfangene oder weiterzugebende Information handelt.

Abkürzung	Terminierung
MI.	<u>mi</u>ttwochs
DO F.FWOCH.	<u>d</u>onnerstags <u>f</u>ür <u>F</u>olge<u>woche</u>
MORG.	<u>mor</u>gens
MON.-ENDE	zum <u>M</u>onats<u>ende</u>
APR.	im <u>Apr</u>il
30. 5. 30.11.	Jeweils am <u>30. 5.</u> und <u>30.11.</u> eines Jahres

Tab. 8: Exemplarische Angaben für die Terminierung von
Informationen

Aufgaben-Nr.

Die hier angegebene Nummer entspricht der Numerierung gemäß
des Teilaufgabenkataloges (vgl. Abb. 15, S. 54). Wenn die betrachtete Information empfangen wird, wird vermerkt, für welche Teilaufgabe (n) diese Information verwertet wird. Daher
sollte bei der Formulierung der Teilaufgaben bereits auf diesen informationsverwertenden Aspekt geachtet werden. Das Ver-
merken der Aufgaben-Nr. ist notwendig, um für die Darstellung
des Informationssystems den Bezug der Information zur entsprechenden Teilaufgabe zu ermöglichen.

Relevanz

Zum Begriff der Relevanz von Informationen existieren in der
Literatur unterschiedliche Auslegungen: Nach SARACEVIC (1970,
S. 33) kann Relevanz beschrieben werden als Maß der Übereinstimmung zwischen einer gefundenen Information (Informationsinhalt) und einem Informationsbedürfnis. MEFFERT (1975, S. 5
und 57) führt aus, daß sich in der Relevanz von Informationen
das Problem der Bereitstellung adäquater Informationsmengen
zum richtigen Zeitpunkt in der zweckentsprechenden Qualität
und Quantität ausdrückt. Bezogen auf computergestützte Manage-
ment-Informationssysteme soll nach MEFFERT das Kriterium der

Relevanz besagen, daß nur solche Informationen den Entscheidungsträgern zur Verfügung zu stellen sind, die zur Entscheidungsfindung unbedingt notwendig sind.

Diese zur praktischen Beurteilung der Wichtigkeit oder Erheblichkeit (vgl. DUDEN/FREMDWÖRTERBUCH 1982) von Informationen nicht verwertbaren Definitionen können somit nur bedingt eine Hilfe zur Ermittlung der Notwendigkeit von Informationen sein. Ohne eine objektive Einschätzung der Relevanz während des Interviews vornehmen zu können, kann eine subjektive Einschätzung des Befragten zumindestens ein Anhaltspunkt für die Wichtigkeit der empfangenen Information bezogen auf die jeweilige Aufgabenerfüllung sein. Dabei bietet sich eine Unterscheidung in drei Einstufungen an (vgl. Tab. 9).

Kategorie	Relevanz - Einstufung
A	Information ist für die Teilaufgabenerfüllung unerlässlich
B	Information ist für die Teilaufgabenerfüllung hilfreich
C	Information ist für die Teilaufgabenerfüllung überflüssig

Tab. 9: Kategorien der subjektiven Relevanzeinstufung von Informationen

Verarbeitungsart

Zum theoretischen Hintergrund der Verarbeitung von Informationen sei hier auf Kap. 2.3, S. 11 verwiesen. Unabhängig vom definitorischen Aspekt der Umwandlung mit den Ausprägungen Sortierung, Kombination, Verdichtung und Selektion hat sich für die Beschreibung und weitere Analyse des Ist-Zustandes eine Klassifizierung nach Tab. 10 als zweckmäßig erwiesen. Zusätzlich zu den Aufgaben unter 'Aufgabenbezeichnung' wird die Art der Informationsverwertung mit Hilfe obiger Kurzbeschreibung im allgemeinen hinreichend deutlich.

Abkürzung	Informationsverarbeitungsart
AUFBER.	Aufbereitung
BEARB.	Bearbeitung
BERECH.	Berechnung
DISPOS.	Disposition
EDV-E.	EDV - Eingabe
FORM.A.	Formblatt ausfüllen
FORM.E.	Formblatt erstellen
INFO.-W.	Informationsweitergabe
KOORD.	Koordination
NUM.VE.	Nummernvergabe
ORGAN.	Organisation
PRFG.	Prüfung, Kontrolle
REGIST.	Registrieren
UEBERW.	Überwachung
VERANL.	Veranlassung

Tab. 10: Einteilung der Informationsverarbeitungsarten

Verarbeitungsmittel

Gemäß Kap. 2.3 bestehen die Kommunikationsfunktionen aus Beschaffung, Übermittlung, Speicherung, Verarbeitung und Verwertung von Informationen. Während bei der Verwertung naturbedingt keine technischen Hilfsmittel zur Anwendung kommen können, und die Möglichkeiten der Übermittlung und Speicherung mit dem Informationsträger beschrieben sind, soll hier hinsichtlich der Verarbeitung[1] unterschieden werden zwischen Taschenrechner

---

1) Die Verarbeitung von Informationen kann auch zu einer Informationsbeschaffung führen, wenn durch die Verarbeitung mehrerer Einzelinformationen eine neue Information entsteht.

Abkürzung	Informationsverarbeitungsmittel
OTH	ohne technische Hilfsmittel
TAR	Taschenrechner
EDV-B	EDV im Batch
EDV-RT	EDV im Real Time

Tab. 11: Berücksichtigte Arten von Hilfsmitteln für die
Informationsverarbeitung

und EDV, wobei differenziert wird zwischen Batch- und Real Time-
Verarbeitung (vgl. Tab. 11).
Bei der späteren Grobprojektierung von Informationssystemen
wird ebenfalls zwischen diesen vier Arten von Informations-
verarbeitungsmitteln unterschieden.

<u>Verarbeitungshäufigkeit</u>

In diese Spalte wird eingetragen, ob eine Informationsart regelmäßig, und wenn ja, wie häufig verarbeitet wird. Es sind
die gem. Tab. 7, S. 57 aufgeführten Beschreibungen analog zur
Häufigkeit der Informationsübermittlung denkbar.

<u>Verarbeitungsdauer</u>

Die Informationsverarbeitungsdauer ist ein wesentliches Kriterium für die Auswahl des geeigneten Informationsverarbeitungsmittels. Daher ist es in Zweifelsfällen durchaus lohnenswert, den erhöhten Aufwand der Selbstaufschreibung oder Multimomentaufnahme in Kauf zu nehmen.

Zusammenfassend kann festgehalten werden, daß erst durch die
im vorigen beschriebene detaillierte Erfassung des Informationsaustausches im Ist-Zustand eine hinreichende Basis für
die im Anschluß daran vorzunehmende Analyse und Grobprojektierung geschaffen wird.

4.3 Darstellung und Überprüfung des Ist-Zustandes

Zur reinen Feststellung des Ist-Zustandes des Logistik-Informationssystems würde eine Darstellung gemäß Abb. 33, S. 148 ausreichen, wenn nicht eine das Gesamtsystem umfassende Analyse vorzunehmen wäre. Die auf den Informationsaustausch nur eines Systemelementes beschränkte Darstellung erlaubt nicht die hier sehr stark ausgeprägten Interdependenzen zwischen den einzelnen Informationsverarbeitern transparent zu machen. Dazu müssen dieser Problematik gerecht werdende Darstellungsmethoden gefunden werden, die darüber hinaus Hilfestellung bei der Überprüfung der Richtigkeit und Plausibilität des erhobenen Materials geben können.

4.3.1 Darstellungstechniken

Darstellungstechniken sind Hilfsmittel zur Erhöhung der Aussagekraft verbaler Beschreibungen (vgl. DAENZER 1977, S. 196). Sie verdeutlichen komplexe Sachverhalte und erleichtern dadurch die Kommunikation. Bei der Darstellung komplexer Logistik-Informationssysteme sollten aufgrund der im Rahmen dieser Arbeit gemachten Erfahrungen folgende Anforderungen an die Darstellungstechnik gestellt werden:

- Aus der Darstellung sollten alle zur Analyse oder Dokumentation erforderlichen Einzelheiten zu entnehmen sein.

- Die Verbindungen und Abhängigkeiten zwischen den Systemelementen durch Informationsaustausch müssen aus der Darstellungstechnik hervorgehen.

- Die Darstellung sollte möglichst wenige Überschneidungen und Kreuzungen von Informationsflüssen aufweisen und trotz der Komplexität des gesamten Logistik-Informationssystems übersichtlich genug bleiben.

- Die Darstellungstechnik sollte beim Aufdecken von Schwachstellen, wie Doppelinformationen bzw. redundanter Informationskreise, umständlicher Übermittlungsweg von Informationen, fehlende Verwertung von Informationen usw., Hilfestellung leisten.

- Die Art der Darstellung sollte auch den ungeübten Anwender und nicht nur den routinierten Systemorganisator in die Lage versetzen, alle notwendigen Aussagen und Informationen aus dem dargestellten Informationssystem entnehmen zu können.

Dieser letzten Forderung muß insbesondere Rechnung getragen werden, da das hier vorgestellte Verfahren vornehmlich in der mittelständischen Industrie Anwendungsmöglichkeiten finden soll. Der Aufwand für die Einarbeitung des entsprechenden Personals darf nicht zu hoch sein. Auch ist eine Auseinandersetzung mit den Anwendern über das aufgenommene und dokumentierte Material nur dann möglich, wenn ein schnelles Verstehen der Darstellungstechnik möglich ist.

Die Organisationstechnik hat bisher eine Vielzahl verschiedener Darstellungsmöglichkeiten entwickelt, die jeweils unter dem Gesichtspunkt der speziellen Anwendung gesehen werden müssen. Es würde hier zu weit führen, alle bekannten Darstellungsarten zu erläutern; man kann jedoch grundsätzlich zwischen graphischen Darstellungsmethoden mit Verwendung entsprechender Sinnbilder und Schaubildern, die in Schriftform niedergelegt werden, unterscheiden. Zusätzlich sind Kombinationen beider Darstellungsarten denkbar. Die wichtigsten für die hier vorliegende Aufgabenstellung möglichen Darstellungsarten sollen nachfolgend hervorgehoben und eines ausgewählt werden. Dazu werden diese Verfahren zur Darstellung von dynamischen, komplexen Systemen und ihre Eignung hinsichtlich der hier zu stellenden Forderungen in Tab. 12 vorgestellt.

Das <u>Blockschaltbild</u>[1] wurde aus der Regelungstechnik übernommen,

---

[1] In Anwendung der Black-Box-Theorie entspricht ein Block der kleinsten betrachteten Einheit eines Systems, deren Struktur und innere Vorgänge unberücksichtigt bleiben, denn im Blockschaltbild interessieren nur diese Elemente und die zwischen ihnen bestehenden Input-Output-Beziehungen.

Darstellungs-techniken	Möglichkeit des Erkennens aller zur Analyse erforderlichen Einzelheiten	Transparenz aller Abhängigkeiten zwischen den Systemelementen muss gewährleistet sein	Gute Übersichtlichkeit bei möglichst wenigen Überschneidungen von Informationsflüssen	Hilfestellung beim Aufdecken von Fehlern der Ist-Aufnahme und Schwachstellen im Informationssystem	Möglichst einfache Form der Darstellung, die für ungeübten Anwender deutbar ist	Bemerkungen
Blockschaltbild	1	1	1	1	1	Anwendung vorwiegend in der Regelungstechnik
Netzplandarstellung	1	0	2	1	0	Anwendung vor allem für fortschreitende Folge von Vorgängen
Datenflussplan	1	0	1	1	1	Vorwiegend beschränkt auf einzelne Prozessabschnitte
Ablaufdiagramm	1	0	2	1	1	Geeignet nur bei linearen Abläufen
Verbale Beschreibung	1	0	2	1	2	Dynamik und Systemelement-abhängigkeiten kaum erkennbar

Tab. 12: Darstellungstechniken und ihre Eignung für die
Dokumentation und Analyse von komplexen Informationssystemen: 0 ≙ Forderung kaum erfüllt;
1 ≙ Forderung teilweise erfüllt; 2 ≙ Forderung
erfüllt

allerdings zunächst ohne Verwendung von Symbolen für Geräte
bzw. Objekte. Es beinhaltet dynamische Prozesse oder Abläufe.
Dabei sind die Input-Output-Verbindungen entweder ungerichtet
und zeigen lediglich einen Zusammenhang auf oder gerichtet,
wobei materielle, informationelle oder sonstige prozeßbestim-
mende Flüsse dargestellt werden (vgl. ZWICKER 1981, S. 61
ff.). Zur Wiedergabe von Informationssystemen müßten umfang-
reiche verbale Beschreibungen ergänzt werden, wobei die Übersichtlichkeit durch häufige Überschneidungen zusätzlich leiden
würde. Insgesamt werden die in Tab. 12 aufgeführten Forderungen nur bedingt erfüllt, da vor allem der Aspekt der Informationsverarbeitung nicht hinreichend berücksichtigt werden kann.

Als Instrument der Ablauf- und Terminplanung baut die Netzplan-
darstellung im Rahmen der Netzplantechnik grundsätzlich auf
einer fortschreitenden Folge von Vorgängen und Ereignissen in

Form von Knoten und Kanten auf (vgl. MÜLLER-MERBACH 1973, S.
254 ff.). Rückkopplungen (Schleifen) und Verzweigungen (Ent-
scheidungsstellen) sind dabei nicht zugelassen. Aus diesem
Grunde sind die bekannten Methoden der Netzplantechnik zur
Darstellung betrieblicher Informationssysteme kaum anwend-
bar.

Datenflußpläne versuchen die betriebliche Informationsverarbeitung abzubilden, indem sie Datenträger in Beziehung zu den mit
oder an ihnen ausgeführten Tätigkeiten von Prozeßabschnitten
setzen. Als spezielle Darstellungsart der Datenverarbeitung
wurden Datenflußplan und Programmablaufplan von den EDV-Her-
stellern entwickelt und die verwendbaren Sinnbilder in der DIN
66001 einheitlich genormt (vgl. Deutsches Institut für Normung
1978, S. 156 ff.). Dabei wird weniger das zeitliche Nach- und
Nebeneinander der Vorgänge als deren sachliche Abhängigkeit
von bestimmten Inputkonstellationen dargestellt. In der Organisationstechnik benutzt man vielfach Datenflußpläne zur groben Darstellung der Systemzusammenhänge und sog. Arbeitsablauf-
pläne für die detaillierte Wiedergabe der Arbeitsgänge eines
ausgegliederten Prozeßabschnittes.

Schließlich gibt es eine Vielzahl sog. Ablaufdiagramme, Arbeits-
ablaufpläne, Laufdiagramme oder Flow-Charts. Damit kann man
Arbeitsgänge oder Abschnitte von Prozessen darstellen, die
parallel oder in Serie ablaufen. Das Ablaufdiagramm ist eine
Kombination zwischen tabellarischer und symbolischer Darstellungstechnik (vgl. STEINBUCH 1977, S. 259). Mit Hilfe von wenigen Symbolen wird der tabellarische Inhalt grafisch ergänzt,
so daß diese Darstellung optimal nur bei linearen Abläufen verwendet werden kann. Parallele und vernetzte Abläufe sind
damit nicht übersichtlich auszuweisen.

Bei der verbalen Beschreibung handelt es sich zwar naturgemäß
um eine auch für den ungeübten Anwender einfach aufzunehmende
Art der Darstellung, die einen hohen Detaillierungsgrad der
Aussagen zuläßt, dabei aber kaum Abhängigkeiten zwischen den
einzelnen Systemelementen aufzeigen kann. Eine Hilfestellung

beim Aufdecken systemelementübergreifender Schwachstellen kann
somit kaur gegeben werden.

Ausgehend von der Erkenntnis, daß die herkömmlichen Darstellungstechniken nur bedingt geeignet sind, die in einem integrierten Informationssystem auftretenden komplexen Zusammenhänge übersichtlich darzustellen, andererseits aber gerade
eine leichte Verständlichkeit als Voraussetzung für eine stärkere Beteiligung der Anwender an der Projektierung eines Logistik-Informationssystems angesehen werden muß, stellte sich
nach Anwendung jeweils nur einer der o.a. Techniken heraus,
daß man mit einer einzigen Darstellungsart allein den aufgestellten Forderungen nicht zufriedenstellend gerecht werden
kann. Je nach Zielsetzung innerhalb der Analyse sollte daher
eine von drei verschiedenen Darstellungen herangezogen werden:
Diese sind

1. Informationssystemelement-bezogene Darstellung,
2. Aufgaben-bezogene Darstellung,
3. Gesamtsystem-bezogene Darstellung.

4.3.1.1 <u>Informationssystemelement-bezogene Darstellung</u>

Um die bei der Ist-Aufnahme aufgenommenen Informationen mit
all ihren Beschreibungsmerkmalen wiedergeben zu können, hat
sich eine Darstellung als zweckmäßig erwiesen, die sich auf
den Informationsfluß und die Verarbeitung der empfangenen Informationen eines Informationssystemelementes, resp. Befragten,
beschränkt. Diese, als auch die Aufgaben- und Gesamtsystem-
bezogene Darstellung, stellt eine Kombination von Datenflußplan, Input-Output-Darstellung und verbaler Beschreibung dar.
Diese Form der Darstellung erfüllt die Forderung, daß alle
relevanten Einzelheiten, die die Information, ihren Transport
und ihre Verarbeitung beschreiben, zu ersehen sind, und daß
durch die textlichen Erklärungen auch der ungeübte Anwender
in der Lage ist, ohne Einarbeitung und Zuhilfenahme umfangreicher Legenden den Sachverhalt zu verstehen. Hierbei wird eine
Aufteilung in

- Informations-Input,
- Informationsverarbeitung und
- Informations-Output

vorgenommen aufgrund des erhobenen Materials gemäß Erfassungsformular (Abb. 49, S. 165). Dabei wird die Verarbeitung, Verwertung bzw. Beschaffung von Informationen durch die Zuordnung
der Informationen (Input und Output) zu den Teilaufgaben entsprechend des Formblattes "Teilaufgaben des Stelleninhabers"
(vgl. Abb. 15, S. 54) berücksichtigt. Wie diese Informationssystemelement-bezogene Darstellung entsteht, zeigt exemplarisch
Abb. 17. Ausgehend von einer Logistik-Teilaufgabe werden alle
Informationen gem. Informationserfassungsformular, die für die
entsprechende Teilaufgabe benötigt werden, als Input, bzw. diejenigen, die aus der Informationsverarbeitung im Rahmen der
Teilaufgabe hervorgehen, als Output angeordnet.

Bei dieser Input-Output-Darstellung wird also das Informations-
verarbeitungselement nicht als black-box betrachtet, sondern
es wird die Art der "Informationsbehandlung" mit Angabe der
Hilfsmittel und des Zeitbedarfs angegeben.

Die Informationsflüsse werden durch entsprechende Linien mit
Pfeilen repräsentiert, wobei wegen der auch bei dieser Darstellungsform unvermeidlichen Überschneidungen darauf geachtet
werden sollte, daß die Anordung der Informationen und der Aufgaben derart vorgenommen wird, daß möglichst wenige Kreuzungen
entstehen. Die Übersichtlichkeit der Informationsströme wird
hierdurch verbessert. Nachteilig bei dieser Form der Darstellung ist, daß lediglich - wenn auch detailliert - der Informationsaustausch zwischen dem betrachteten Systemelement und
den informationell direkt benachbarten Systemelementen dargestellt werden kann. Der Informationsfluß im Rahmen einer übergeordneten Aufgabe gemäß der "Klassifizierung der Logistik-
Aufgaben" gem. Tab. 2, S. 30, oder im Rahmen des gesamten Lo-
gistik-Systems ist hiermit nicht möglich.

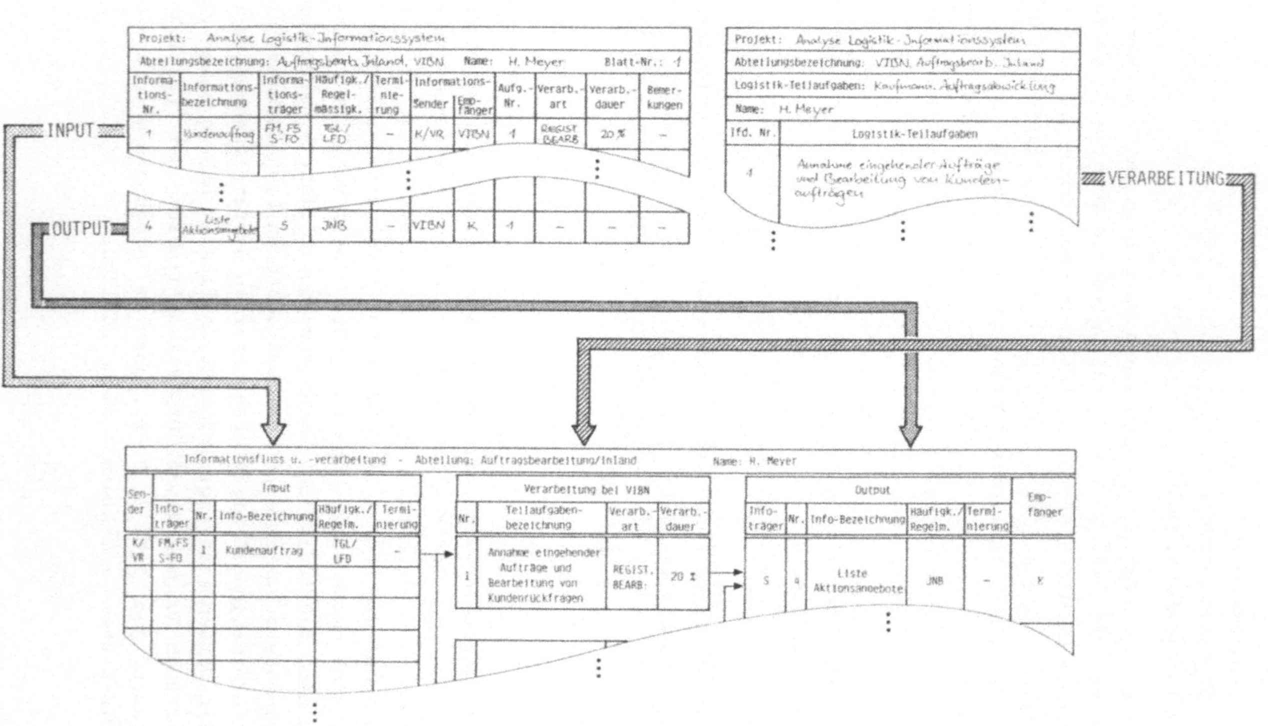

Abb. 17: Exemplarische Entwicklung der Informationssystemelement-bezogenen Darstellung

4.3.1.2 Aufgaben-bezogene Darstellung

Bei Wahrung der geforderten Übersichtlichkeit ist eine Logi-
stik-Aufgaben-bezogene Darstellung sinnvoll, die sich an die
Element-bezogene Darstellung insofern anlehnt, als derselbe
Aufbau mit Input, Verarbeitung und Output verwendet wird.
Abweichend werden hier jedoch mehrere, nämlich genau die
Systemelemente, die Teilaufgaben im Rahmen der entsprechenden
Logistik-Aufgabe bzw. Logistik-relevanten Aufgabe entspre-
chend Tab. 2, S. 30 zu bearbeiten haben, berücksichtigt. Die
Teilaufgaben, die - je nach Systemelement - nicht der entsprechenden Aufgabe zuzurechnen sind[1), werden dabei nicht aufgeführt. Schematisch zeigt Abb. 18, wie diese Darstellung aus
dem Inhalt der Informationserfassungsformulare und der Teil-
aufgabenerfassungsformulare entwickelt werden kann. Bei dieser
Darstellung ist eine vollständige Analyse bezogen auf ein
Systemelement nicht möglich; dahingegen kann der Informationsfluß im Rahmen einer Aufgabe über mehrere Abteilungen verfolgt
werden (z.B. Kundenauftrag oder Versandanweisung), d.h. die
geforderte Transparenz hinsichtlich der Verbindungen und Abhängigkeiten zwischen den Systemelementen wird durch diese Darstellung bezogen auf eine Aufgabe realisiert.

4.3.1.3 Gesamtsystem-bezogene Darstellung

Soll ein Überblick über den gesamten Logistik-Informationsaus-
tausch gegeben werden, ist bei der Verwendung der Input-Output-
Darstellung unter Beibehaltung einer ausreichenden Übersichtlichkeit, eine Verdichtung bzw. Selektion sowohl hinsichtlich
der aufzuführenden Teilaufgaben als auch bzgl. der darzustel-
lenden Informationen erforderlich. Eine eindeutige Anweisung
für den "Grad der Verdichtung" kann nicht gegeben werden. Es
muß ein Kompromiß zwischen dem Detaillierungsgrad und der Übersichtlichkeit und Überschaubarkeit gefunden werden, so daß das
gesamte System bei Berücksichtigung möglichst aller Informa-

---

1) Vgl. dazu Kap. 4.4.1, S. 76: Typische Teilaufgaben im Rahmen der Logistik.

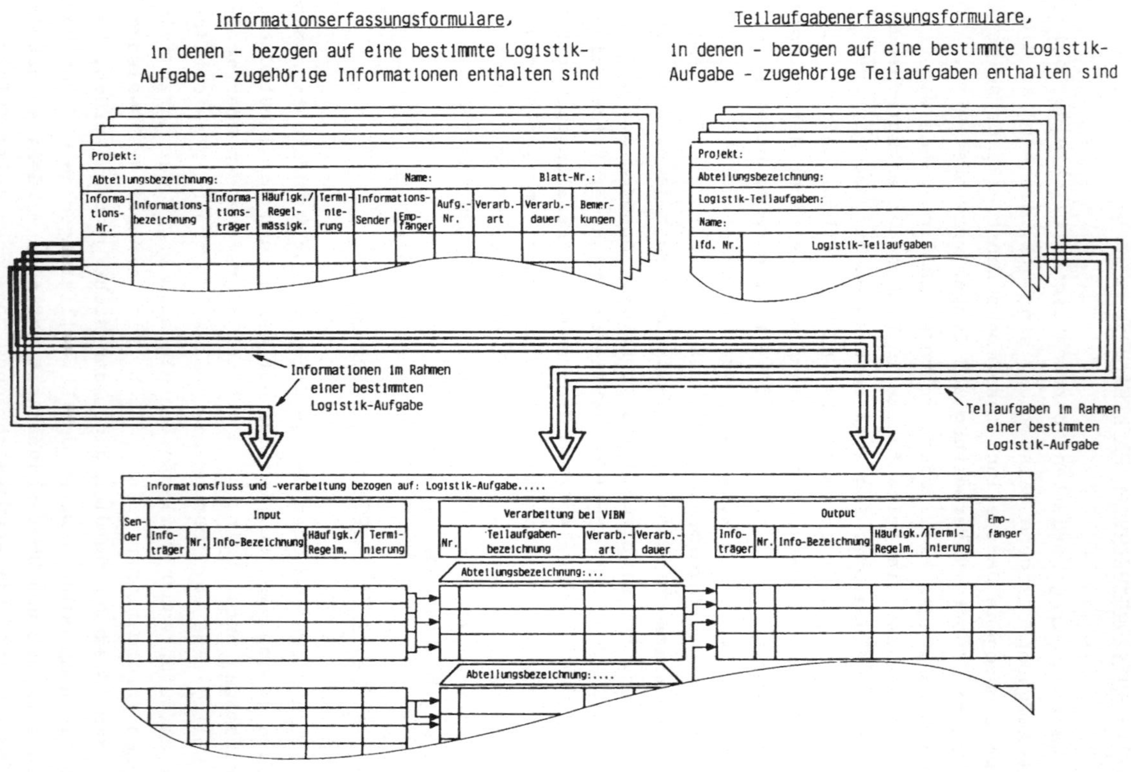

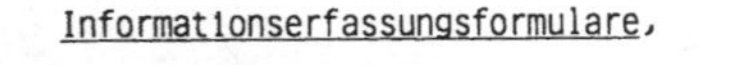

Abb. 18: Schematische Entwicklung der Aufgaben-bezogenen Darstellung

tionssystemelemente in groben Zügen analysiert werden kann.
Die Darstellung entspricht derjenigen gem. Abb. 18, wobei hierbei nicht das Auswahlkriterium 'Logistik-Aufgabe', sondern ein
festzulegender Grad der Verdichtung für die Auswahl der Aufgaben bzw. Teilaufgaben und Informationen für die Übersicht des
gesamten betrieblichen Informationssystems entscheidend ist.
Prüft man, inwieweit die hier vorgestellten Darstellungen
den in Kap. 4.3.1 aufgestellten Anforderungen gerecht werden,
ergibt sich das gem. Tab. 13 dargestellte Bild. Obwohl keine
Form der Darstellung - für sich allein betrachtet - alle Forderungen erfüllen kann, ist durch die komplementäre Verknüpfung

Darstellungs-techniken	Möglichkeit des Erkennens aller zur Analyse erforderlichen Einzelheiten	Transparenz aller Abhängigkeiten zwischen den Systemelementen muss gewährleistet sein	Gute Übersichtlichkeit bei möglichst wenigen Überschneidungen von Informationsflüssen	Hilfestellung beim Aufdecken von Fehlern der Ist-Aufnahme und Schwachstellen im Informationssystem	Möglichst einfache Form der Darstellung, die für ungeübten Anwender deutbar ist	Bemerkungen
1. Informationssystem-element-bezogen	2	0	1	2	2	Kein Gesamtüberblick möglich
2. Aufgaben-bezogen	1	1	1	2	2	Teilaufgabenabgrenzung erforderlich
3. Gesamtsystem-bezogen	0	2	1	2	2	Verdichtung bzgl. Berücksich-tigung von Teilaufgaben und Informationen erforderlich
Technik 1,2 und 3 (komplementär)	2	2	1	2	2	Forderungen unter Zuhilfe-nahme aller 3 Darstellungen weitgehend erfüllt

Tab. 13: Eignung der realisierten Darstellungstechniken
(Kombination aus Datenflußplan, Input-Output-Darstellung und verbaler Beschreibung) für die Dokumentation und Analyse von komplexen Informationssystemen: O = Forderung kaum erfüllt; 1 = Forderung
teilweise erfüllt; 2 = Forderung erfüllt

aller drei Techniken ein Gesamtüberblick mit einem hohen Detaillierungsgrad möglich. Als nicht völlig erfüllte Forderung ist
die Übersichtlichkeit zu nennen. Das Verfolgen von Informationen über mehrere Systemelemente (Technik 2 und 3) ist durch die
Unterbrechungen in der Informationsverfolgung erschwert (vom

Output-Empfänger zum Sender-Input). Wenn das Kriterium der Über-
sichtlichkeit beim Verfolgen einzelner Informationen von großer
Bedeutung ist, sollte hierfür zusätzlich zu den vorgestellten
Darstellungstechniken die Netzplantechnik angewandt werden.

4.3.2 <u>Überprüfung der Richtigkeit und Plausibilität</u>

Trotz angewandter Sorgfalt bei der Erfassung des Ist-Zustandes
hat sich im Rahmen der Untersuchungen herausgestellt, daß bei
der Aufbereitung des erhobenen Materials durch geeignete Prüfungen auf Plausibilität und Richtigkeit Unstimmigkeiten aufgedeckt werden, die verschiedene Ursachen haben können. Diese
können darin liegen, daß die befragten Mitarbeiter empfangene
bzw. weiterzugebende Informationen während des Interviews nicht
erwähnen, weil sie z.B. unbewußt verarbeitet werden (vor allem
bei mündlichen, unregelmäßig auftretenden Informationen) oder
ganz einfach vergessen werden; oder daß dieselben Informationen
unterschiedlich bezeichnet werden, daß verschiedene die Information beschreibenden Eigenschaften (z.B. Terminierung) durch
zwei Mitarbeiter unterschiedlich angegeben werden, usw.. Um diese
Unstimmigkeiten aufdecken zu können, sind einige Prüfungen
durchzuführen, worauf anschließend in weiteren Interviews diese
Fragen geklärt werden müssen. Tab. 14 zeigt fünf verschiedene
Prüfungsarten auf, wobei angegeben wurde, welche Fehler (Art
der Unstimmigkeit) mit ihnen aufgedeckt werden können und mit
welcher Maßnahme jeweils die Unstimmigkeit beseitigt werden
kann.

An dieser Stelle ist darauf hinzuweisen, daß diese Vorgehensweise zur Überprüfung der Richtigkeit und Plausibilität des
erfaßten Materials zwar sehr aufwendig ist, sich jedoch als
unbedingt notwendig erwiesen hat.

Zusammenfassend veranschaulicht die in Kap. 4.2 und Kap. 4.3
aufgezeigte Vorgehensweise zur Erfassung, Darstellung und
Überprüfung des Ist-Zustandes von Logistik-Informationssy-

Prüfungsart	Art der Unstimmigkeit	Massnahme
1. Bei Informationsaustausch innerhalb des betrachteten Systems: Kommt Information x (als Input) beim Empfänger B an, die vom Sender A gesendet wurde, und umgekehrt?	Fehlende Input-Information oder fehlende Output-Information	Erneutes Befragen der betroffenen Mitarbeiter
2. Vergleich der Informationsbezeichnungen und -inhalte zur Identifizierung der Informationen und zur Vereinheitlichung der Informationsbezeichnungen	Fehlende Input-Information oder fehlende Output-Information	Vergleich und Analyse der Unterlagen, erneutes Befragen der betroffenen Mitarbeiter
3. Überprüfung der Angabe "Terminierung" durch Vergleich von Input- und Output-Angaben bezogen auf ein Systemelement und übergreifend durch Vergleich von Output des einen Elements und Input des anderen	Abweichungen in der Terminangabe, z.B. wenn Information empfängerbezogen eher ankommt als sie senderbezogen gesendet wurde	Erneutes Befragen der betroffenen Mitarbeiter
4. Überprüfung der Angabe "Häufigkeit" und "Regelmässigkeit" des Informationsempfangs und der Informationsweitergabe durch Vergleich von Output des einen und Input des anderen Elements	Abweichungen in der Angabe "Häufigkeit/Regelmässigkeit"	Erneutes Befragen der betroffenen Mitarbeiter
5. Überprüfung, ob alle relevanten, in der Realität ausgetauschten Informationen berücksichtigt sind -sind für die Bearbeitung aller Teilaufgaben entsprechende Informationen aufgeführt?	Fehlende, nicht erwähnte Information	Logische Herleitung und erneutes Befragen der betroffenen Mitarbeiter

Tab. 14: Möglichkeiten und Anwendungen der Überprüfung der Richtigkeit und Plausibilität des erhobenen Informationssystem-Ist-Zustandes

stemen Abb. 19. Die Ermittlung allgemeiner Informationen sowie die Input-Output-Analyse können parallel im Rahmen der Interviews (mit Verwendung von Fragebögen bzw. Formularen) erfolgen. Nach Darstellung und Plausibilitätsüberprüfung des einmal aufgenommenen Ist-Zustandes ist meist eine mehrmalige Wiederholung erforderlich, um wahrheitsgetreue, die Realität widerspiegelnde und in sich schlüssige Abbildungen erstellen zu können.

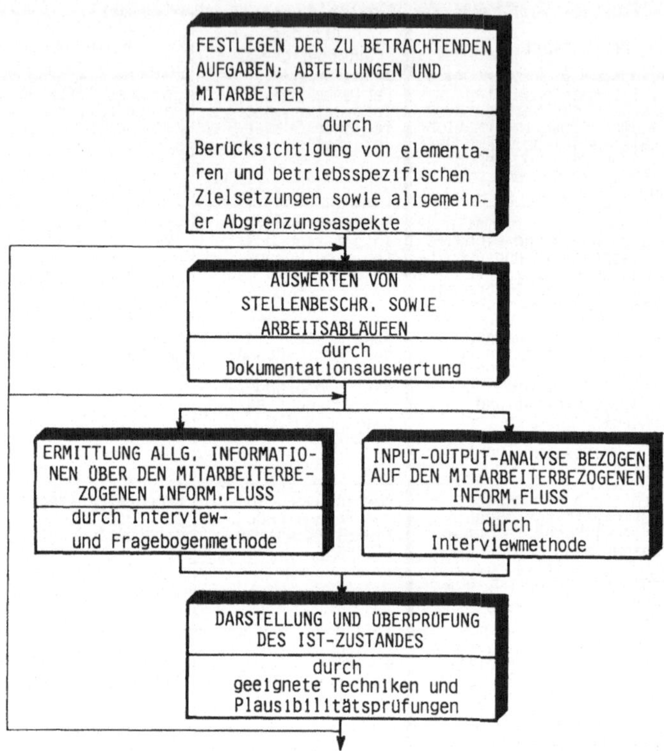

Abb. 19: Vorgehensweise bei der Erfassung, Darstellung und
Überprüfung des Ist-Zustandes von Logistik-Informationssystemen

4.4 Schwachstellenanalyse

Nachdem im Rahmen der Systemanalyse der Ist-Zustand des Logistik-Informationssystems durch Erfassung und Prüfung des
erhobenen Materials festgestellt worden ist, muß die eigentliche Analyse, nämlich die Bewertung des Ist-Zustandes, durch
einen Vergleich des Informationsangebotes mit dem Bedarf durchgeführt werden. Mit Hilfe dieser Gegenüberstellung sowie ge-
zielter Fragestellungen muß der Systemanalytiker in die Lage

versetzt sein, Schwachstellen bzw. nicht erfüllte Anforderungen aufzudecken, um dann den Soll-Zustand daraus ableiten zu können.

Das Informationsangebot ist nach der detaillierten Erfassung des Ist-Zustandes bekannt, während der Bedarf an Informationen einschließlich der die Information beschreibenden Eigenschaften systematisch ermittelt werden muß. Bei dieser Ermittlung kann das Vorliegen des Ist-Zustandes eine erhebliche Hilfestellung geben, da davon auszugehen ist, daß das vorhandene System grundsätzlich zu einem gewissen Mindestmaß den vorhandenen Anforderungen gerecht wird. Daraus wird deutlich, daß die fundierte Erfassung des vorliegenden Informationsaustausches als Voraussetzung zur Ermittlung des Informationsbedarfs um so wichtiger ist, je weniger dieser Ist-Zustand bekannt bzw. dokumentiert ist.

4.4.1 Ermittlung des Systemelement-bezogenen Informationsbedarfs

Es ist hier noch einmal auf die in Kap. 2.3 gewonnene und begründete Erkenntnis hinzuweisen, daß Kommunikation und Informationssystem keine selbständigen Erscheinungen, sondern Mittel zum Zweck sind - sie haben also instrumentalen Charakter. Wenn im folgenden die Analyse bzw. Bewertung vorgenommen werden soll, muß erwartet werden, daß in jedem Fall das System, dem das Informationssystem gewissermaßen überlagert ist, bekannt ist. Das heißt, es wird in dieser Phase der Systemanalyse im ersten Schritt erforderlich, neben den elementaren Zielsetzungen der Unternehmung die Logistik-spezifischen Zielsetzungen der Unternehmung zu ermitteln, d.h. letztlich die im System zu erfüllenden Aufgaben zu bestimmen. Dabei kann als Grundlage von den Aufgaben ausgegangen werden, die zur Zeit bereits existieren und im Rahmen der Erfassung des Ist-Zustandes ermittelt worden sind. Diese mittels Befragung und Stellenbeschreibung festgestellten Teilaufgaben sind jedoch vor der Analyse der Informationsbeziehungen hinsichtlich ihrer Notwendigkeit, Vollständigkeit und sinnvollen Zuordnung zu den Informationssystemelementen zu überprüfen.

Um hierfür dem Systemanalytiker eine Hilfestellung zu geben, wird im folgenden ein repräsentativer Logistik-Teilaufgaben- katalog gemäß der in den Untersuchungsfeldern vorgefundenen Problemstellungen und der in Kap. 2.4.1 vorgenommenen Abgren- zung aufgeführt. Dieser Katalog berücksichtigt also nicht die betriebsspezifischen Besonderheiten - wie z.B. Branche, Kun- denverhalten, Unternehmensgröße, Aufteilung einer Bestandsart auf mehrere Lagerorte usw. - und bezieht sich auf die Proble- matik der lagerorientierten Fertiger für einen anonymen Ab- satzmarkt.

Ausgehend von den in Kap. 2.4.2, Tab. 2 als Logistik-relevant festgelegten Aufgaben lassen sich diese gem. Abb. 34 - 51 im Anhang in die einzelnen Teilaufgaben untergliedern[1]. Über die Zuordnung kann in Einzelfällen diskutiert werden, da die An- bindung von Teilaufgaben an Aufgaben z. T. von den aufbauorga- nisatorischen Gegebenheiten abhängt (z.B. Bestandsverantwortung dezentral im Lager oder zentral im Rahmen einer übergeordneten Disposition). Wenn auch hier von typischen Teilaufgaben gespro- chen wird, ist doch festzuhalten, daß in konkreten Unterneh- mungen vereinzelte Funktionen nicht vorkommen (z.B. bei Nicht- vorhandensein von dezentralen Lägern); umgekehrt kommen unter- nehmungsspezifische Aufgaben hinzu, die hier zwangsläufig unbe- rücksichtigt bleiben müssen.

Der Vergleich dieser hier aufgeführten 'Standardteilaufgaben' mit den im Rahmen der Erfassung des Ist-Zustandes festgestell- ten Aufgaben (vgl. Kap. 4.2.2) erleichtert dem Systemanalytiker die Prüfung der Vollständigkeit der Aufgabenumfänge - wie die hier durchgeführten Untersuchungen gezeigt haben - erheblich.

Neben diesem Vergleich muß zusätzlich wegen der betriebsspe- zifischen Besonderheiten, abhängig von den vorhandenen Logi-

---

1) Mit dieser Auflistung an Logistik-relevanten Aufgaben und Teilaufgaben liegt ein Katalog vor, der in der Literatur bislang in dieser Detailliertheit fehlte. Somit kann dieser Katalog bei allen Logistik-Planungsvorhaben nützlich sein, die eine Abgrenzung der betrieblichen Funktionen voraussetzen.

stik-Teilaufgaben, eine Feststellung des Systemelement-bezogenen Informationsbedarfs erfolgen, in dem die folgenden Be-
darfs-Kriterien berücksichtigt werden:

- Informationsnotwendigkeit und Informationsinhalt
- Detaillierungsgrad der Information
- Regelmäßigkeit und Häufigkeit des Bedarfs der Information
- Terminierung der Information
- Informationsträger
- Regelmäßigkeit und Häufigkeit der Informationsverarbeitung
- Informationsverarbeitungsmittel.

4.4.1.1 Informationsnotwendigkeit und Informationsinhalt

Ausgangspunkt jedes Problemlösungsprozesses - die Bewältigung
einer jeden Teilaufgabe in der Logistik kann als ein solcher
Prozeß angesehen werden - ist die Definition eines Ziels, das
"als anzustrebender Zustand irgendwelcher Objekte" (ULRICH
1968, S. 141) formuliert werden kann. Ein solches Ziel kann
z.B. die Teilaufgabe "Sicherstellung der Leerpalettenrückgabe"
sein. Zur Erreichung dieses Zieles bestehen alternative Verhaltensmöglichkeiten, die von zahlreichen Faktoren (Gegebenheiten, zukünftige Ereignisse) beeinflußt werden und die zu
unterschiedlichen Ergebnissen führen. Zu wählen ist schließlich
jene Alternative, die zu einem der Zielsetzung entsprechenden
Ergebnis führt.

Im Rahmen eines solchen Prozesses sind also zunächst Informationen über das anzustrebende Ziel erforderlich. Vor allem aber
sind Informationen über die Faktoren, welche die verschiedenen
Verhaltensmöglichkeiten beeinflussen, notwendig. ULRICH unterscheidet bei den Einflußfaktoren sog. Gegebenheiten und sog.
Ereignisse. Gegebenheiten sind unveränderliche Tatbestände, die
als solche von Natur aus bestehen können oder aber willkür-
lich fixiert worden sind (z.B. das gegebene Artikelsortiment).
Ereignisse hingegen sind zukünftige Veränderungen von Tatbe-
ständen (z.B. Nachfrageverhalten).

Es ist offensichtlich, daß es außerordentlich schwierig sein
muß, den Bedarf an Informationen über diese Einflußfaktoren
zu ermitteln. Einerseits ist deren Zahl praktisch unendlich,
andererseits liegen die Ereignisse in der Zukunft und können
deshalb nicht mit Sicherheit erkannt werden. Nun muß man sich
darüber im klaren sein, daß es nicht möglich (Probleme der Beschaffung) und vor allem auch gar nicht notwendig ist, Informationen über alle Einflußfaktoren zu haben. Vielmehr genügt
es, wenn über die sogenannten relevanten Informationen verfügt
werden kann, d.h. über solche Informationen, die Verhaltensmöglichkeiten zu begründen oder zu verändern vermögen, so daß eine
Annäherung des Ergebnisses an das Ziel resultiert (vgl. COENEN-
BERG 1966, S. 14).

Somit läßt sich die Notwendigkeit, eine bestimmte Information
für eine konkrete Logistik-Teilaufgabe zur Verfügung zu stellen, auf die Problematik, die Relevanz der Information zur
vorgegebenen Zielerreichung zu bestimmen, eingrenzen. Verein-
facht kann man sagen, daß jede Information nötig ist, mangels
derer ein anderer Entschluß gefaßt worden wäre.

Eine wissenschaftliche Methode zur Bestimmung dieser Relevanz
existiert bis heute nicht, so daß man hier auf eine logische
Herleitung angewiesen ist. Im Rahmen der hier durchgeführten
Untersuchungen hat sich ein Vorgehen gem. Tab. 15 als
zweckmäßig erwiesen.

Im ersten Arbeitsschritt werden die für ein neu zu planendes
Logistik-Informationssystem relevanten Teilaufgaben in Anlehnung an den Ist-Zusand ermittelt. Dabei kann auf das auf
Grund der Stellenbeschreibungen und der durchgeführten Interviews erfaßte Material, das unter Zuhilfenahme des beschriebenen Kataloges an typischen Logistikaufgaben vervollständigt
werden konnte, zurückgegriffen werden. Werden die im Rahmen
der Analyse der Zielsetzung aufgestellten zukünftig zu bewäl-
tigenden Aufgaben und anzustrebenden Ziele mit berücksichtigt,
ist es durch logische Herleitung möglich, den zukünftig zu

Arbeitsschritte	Verfahren
1. Ermittlung der Logistik-relevanten Teilaufgaben	- Stellenbeschreibungen, Interview und Fragebogen im Rahmen der Ist-Erfassung unter Zuhilfenahme eines Kataloges von typischen Teilaufgaben - Logische Herleitung unter Berücksichtigung der im Rahmen der Analyse der Zielsetzung zukünftig zu bewältigenden Aufgaben und anzustrebenden Ziele
2. Aufgliederung der Teilaufgaben in möglichst klar umschriebene und möglichst differenzierte Einzelaufgaben	- Logische Herleitung
3. Herleiten der je Einzelaufgabe notwendigen Informationsinhalte	- Logische Herleitung unter Berücksichtigung des Aspektes der Zielerreichungs- bzw. Entscheidungsbeeinflussung, - Aspekt der Relevanz

Tab. 15: Arbeitsschritte zur Ermittlung der Notwendigkeit
von Informationen

erfüllenden Aufgabenumfang - unabhängig von der Zuordnung zu
Systemelementen - zu bestimmen.

Damit die so ermittelten Aufgaben möglichst zwangsläufig zu
den dafür erforderlichen Informationen führen, sollten die
Aufgaben möglichst weit differenziert und klar umschrieben
werden.

Im dritten Arbeitsschritt wird dann Aufgabe für Aufgabe gefragt, welcher Informationsinhalt jeweils zur Planung, Steuerung oder Kontrolle notwendig ist. Hierbei wird unter Vernachlässigung des Informationsangebotes im Ist-Zustand vorgegangen und nicht gefragt, ob die Beschaffung jeweils zu aufwendig oder etwa gar nicht möglich ist.

Wenn die zugrunde liegenden Aufgaben klar genug umschrieben
sind, müßte der Systemanalytiker theoretisch in der Lage sein,
ohne das Fachwissen der die Aufgaben erfüllenden Stelleninha-

ber den Bedarf an Informationsinhalten ermitteln zu können.
Die Praxis hat jedoch gezeigt, daß eine derart eindeutige,
differenzierte bzw. für einen Nichtfachmann ausreichend erklä-
rende Formulierung der Aufgaben nicht möglich ist, so daß der
Bedarf der Informationsinhalte nur durch die Zusammenarbeit von
Organisator und Anwender bestimmt werden kann.

4.4.1.2 Detaillierungsgrad der Information

Neben der Klärung der Frage, welche Informationsinhalte zur
Erfüllung der vorgegebenen Logistik-Aufgaben notwendig sind,
muß ermittelt werden, welches Differenzierungsniveau je Information erforderlich bzw. sinnvoll ist. Zusätzlich muß festgelegt werden, ob das entsprechende Informationssystemelement
die jeweilige Einzelinformation durch eine Selektion aus einem
Angebotskomplex von vielen Einzelinformationen sich selbst beschaffen soll. Die Selektion[1] kann man je nach Betrachtungsweise zur Beschaffung oder zur Verarbeitung von Informationen
zählen (vgl. Kap. 2.4.2).

Geht man von der in dieser Arbeit vorgenommenen Definition
des Begriffes Information aus, wonach diese beim Empfänger
Ungewißheit beseitigen soll, stellt man in der Praxis fest,
daß hiermit noch nichts über den Grad der Differenzierung
gesagt ist. Dieses Differenzierungsniveau kann u.U. auch als
Genauigkeitsgrad bezeichnet werden, der im Zusammenhang mit
der Ist-Erfassung durch die im Erfassungsformular berücksichtigte Umschreibung der Genauigkeit zu erfassen versucht wurde.
Ähnlich der Formalstruktur einer Unternehmung (Aufbauorganisation) kann ein als Information bezeichneter Tatbestand u.U.
aus einer Vielzahl von Einzelinformationen bestehen, so daß bei
der Ermittlung des Informationsbedarfs der Informationsinhalt
durch eine Angabe über das geforderte Differenzierungsniveau

---

1) Z.B. das Heraussuchen der Artikel aus einer artikelbezo-
   genen Bestandsübersicht, die wegen Unterschreitung einer
   Mindestbestandshöhe disponiert werden müssen.

näher umschrieben werden muß. Abb. 15 soll dies an einem Beispiel verdeutlichen.

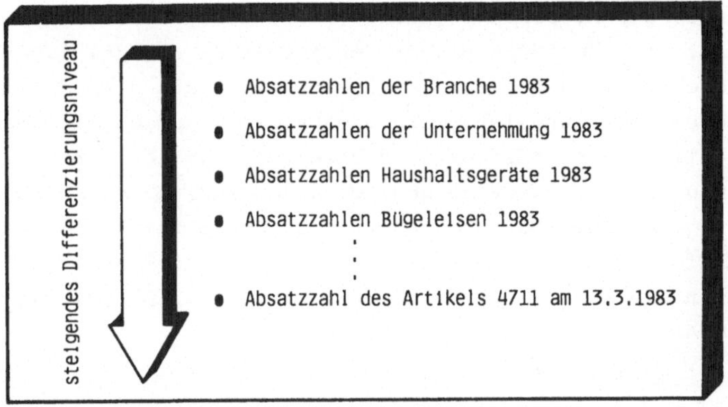

Abb. 20: Beispiel für unterschiedliche Differenzierungs-
         niveaus von Informationen

Geht man von der globalen Informationsbezeichnung "Absatzzahlen" aus, kann diese Information je nach Aufgabe verschieden
differenziert benötigt werden. Ausgehend von den Absatzzahlen
der interessierenden Branche kann man das Artikelspektrum der
betrachteten Unternehmung einengen und so zur Absatzzahl des
Artikels 4711 (auf niedrigster Artikelebene) an einem bestimmten Tag kommen. Somit hängt das zweckmäßige Detaillierungs-
niveau bezogen auf die Differenzierung einer Information letztlich von der Differenziertheit der Aufgabenstellung ab - quasi
von dem hierarchischen Niveau der Logistik-Aufgabe. Hiermit
wird also der Aspekt der Informationsverdichtung angesprochen.
Der Bedarf hinsichtlich des zweckmäßigen Differenzierungsni-
veaus muß gem. der Ermittlung der Notwendigkeit der Information
analog zu Tab. 15 - Arbeitsschritt 3, S. 79 - logisch hergeleitet werden.

Die Frage nach der Selektion stellt sich immer dann, wenn
das vorliegende (z.B. EDV-Bestandsliste) oder abrufbare (Bestandsübersicht per Bildschirm) Informationsangebot je nach

Bedarf hinzugezogen werden muß, um eine bestimmte Einzelinformation entnehmen zu können. Muß durch das manuelle Suchen
des die Liste Betrachtenden der Bestand des Artikels ermittelt
werden, muß der Mitarbeiter selbst die Selektion durchführen.
Genügt es, wenn der Mitarbeiter den gefragten Artikel z.B. in
den Bildschirm eingibt, und das System den Bestand anschließend (im Dialog) ausweist, wird die Selektion durch ein tech-
nisches Hilfsmittel oder einen anderen Mitarbeiter durchgeführt. Die Art der zweckmäßigen Selektion muß in der Phase der
Ermittlung des Informationsbedarfs noch nicht festgelegt werden, da diese vom Informationsverarbeitungsmittel abhängt.
Denn durch die Wahl des Verarbeitungsmittels (z.B. EDV) wird
auch die Art der Selektion festgelegt.

4.4.1.3 Regelmäßigkeit und Häufigkeit des Bedarfs
der Information

Ist durch das im vorigen aufgezeigte Vorgehen der Bedarf einer
Information nach Inhalt und Detaillierungsgrad festgestellt
worden, muß gefragt werden, ob diese Information regelmäßig
benötigt wird, und wenn ja, wie häufig.

Hinsichtlich der Beantwortung der Regelmäßigkeit ist das gem.
Abb. 21 aufgezeigte Vorgehen zweckmäßig.
Im ersten Schritt ist zu fragen, ob der Informationsbedarf vorhersehbar ist. Ist dies der Fall (z.B. Kundenauftrag oder Produktionsplan), sollte sichergestellt werden (z.B. durch nieder-
gelegte Verfahrensanweisungen oder Stellenbeschreibungen), daß
diese Information quasi 'automatisch' den Informationsverarbeiter erreicht. Ist der Informationsbedarf nicht vorhersehbar,
(z.B. Produktionsstillstand oder Soll-Fertigungstermin), muß
gefragt werden, ob dieser durch den Informationsverarbeiter verursacht wird. Wenn ja (z.B. notwendige Zusatzinformation erforderlich wie Soll-Fertigstellungstermin wegen einer Kundenanfrage),
muß der Informationsnachfrager sich aktiv um die Beschaffung
dieser Information bemühen. Wird der unvorhersehbare Informationsbedarf nicht durch den Informationsverarbeiter verur-

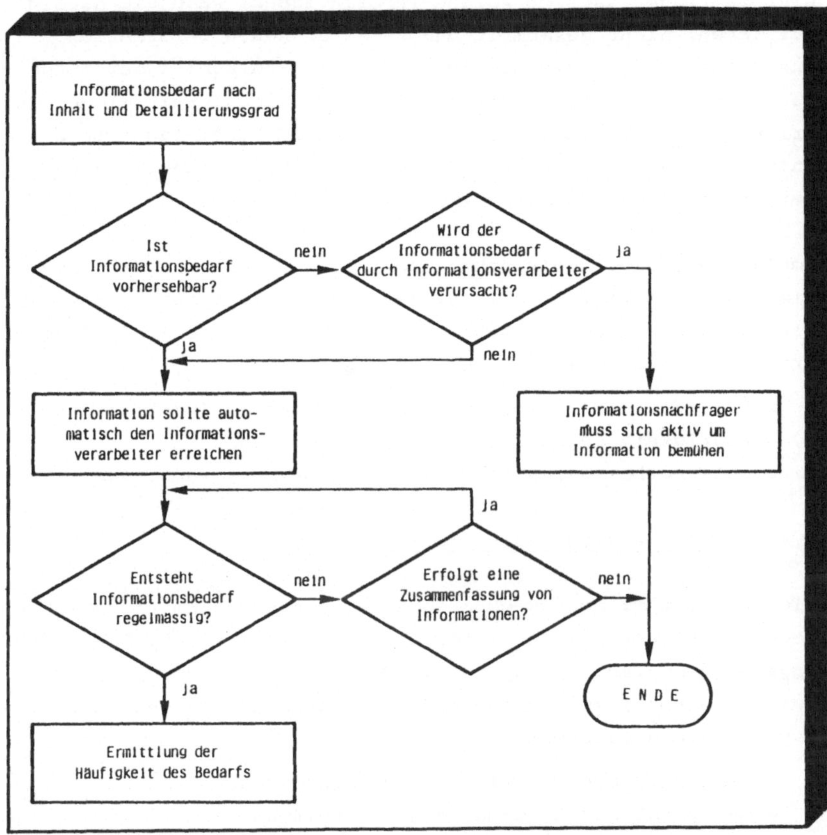

Abb. 21: Vorgehensweise bei der Ermittlung des Informationsbedarfs hinsichtlich Regelmäßigkeit und Häufigkeit

sacht (z.B. Produktionsstillstand) muß ebenfalls sichergestellt
sein, daß die Information 'automatisch' den Informationsverarbeiter erreicht.
Wenn dies geschieht, muß geklärt werden, ob der Informationsbedarf regelmäßig (z.B. Produktionsplan) oder unregelmäßig
(z.B. Kundenauftrag) auftritt. Die vorhersehbaren, unregelmäßig auftretenden Informationen werden also je nach Auftreten
(oder 'je nach Bedarf', vgl. Kap. 4.2.2.2) empfangen, wobei

hier zu fragen ist, ob solche Informationen, wenn sie häufig
auftreten, nicht gesammelt und zu einer neuen Information
zusammengefaßt werden sollten (z.B. Tagesaufkommen der Kundenaufträge), wonach dann die Frage der Regelmäßigkeit wieder auftritt. Bei den sinnvollerweise regelmäßig bereitzustellenden
Informationen muß dann entschieden werden, wie häufig diese
Bereitstellung erfolgen soll.

Im Rahmen dieser Analysephase soll hier unabhängig von den vorliegenden Restriktionen (z.B. Aufwand, Kosten) benutzerseitig
eine Wunschvorgabe abgegeben werden. Diese Vorgabe hat folgende
Kriterien zu berücksichtigen:

- Erforderliche Aktualität der Information (Häufigkeit ⬆)
- Häufigkeit der Informationsverarbeitung
- Aufwand bei der Informationsverarbeitung (Häufigkeit ⬇)

4.4.1.4 Terminierung der Information

Die Angabe über den zweckmäßigen Zeitpunkt des Empfangs ist bei
regelmäßig auftretenden Informationen erforderlich. Dabei sind
Angaben gem. Tab. 8 (Kap. 4.2.2.2, S. 58) möglich. In Bezug
auf diese Festlegung sind in dieser Phase der Analyse folgende
Aspekte einzubeziehen:

- Erforderliche Aktualität der Information
- Zeitpunkt der Informationsverarbeitung.

4.4.1.5 Informationsträger

Die in dieser Arbeit berücksichtigten Arten von Informationsträgern sind der Tab. 6 (Kap. 4.2.2.2, S. 56) zu entnehmen.
Benutzerseitig wird die Entscheidung darüber, welcher Träger
für den Transport einer konkreten Information der geeignetste
ist, bestimmt durch die

- Geschwindigkeit der Informationsübermittlung sowie den
- Aufwand für die Informationsträger-gerechte Aufbereitung
  der Information.

Die Geschwindigkeit ist unkritisch bei Informationsträgern wie
Telefon, oder mit Hilfe der EDV. Bei schriftlicher Übertragung
per Post oder Hauspost muß dieser Aspekt berücksichtigt werden,
wobei die im vorigen angesprochene Aktualität tangiert wird.

Bei der Informationsträger-gerechten Aufbereitung der Information, sowohl beim Empfang als auch bei der Weitergabe durch
den Informationsverarbeiter, kommen Kriterien zum Tragen, wie
Aufwand für das

- Sprechen,
- Lesen,
- Schreiben und das
- Eingeben von Informationen am Bildschirm.

Der Aufwand beim Sprechen bzw. Hören ist naturgemäß am gering-
sten. Während das Lesen bereits je nach Übersichtlichkeit bzw.
Komplexität der Vorlage mit einem nennenswerten Aufwand verbunden sein kann. Hier ist z.B. der Aufbau von Bildschirmmasken ebenso wie der von EDV-Listen zu nennen. Trotz schneller
Informationsübermittlung mit Hilfe der EDV kann die Eingabe
per Bildschirm u.U. wegen des Zeitbedarfs nicht wünschenswert
sein, erst recht dann, wenn dies nicht direkt, sondern über
einen gesonderten Erfassungsbereich geschieht. Somit wird deutlich, daß allein die Übertragung mit Hilfe der EDV noch keinen
Vorteil in sich birgt, sondern, daß dies erst in Verbindung mit
einer sich direkt anschließenden Verarbeitung von Informationen
mit Hilfe der EDV sinnvoll ist.

4.4.1.6 Informationsverarbeitungsregelmäßigkeit und -häufigkeit

Die aus der Sicht des Anwenders als sinnvoll erachtete Regelmäßigkeit und Häufigkeit der Informationsverarbeitung hängt von
folgenden Faktoren ab:

- Häufigkeit der zu erfüllenden Aufgabe
- Empfang einer bestimmten Information
- Erreichen eines gewissen "Informationsvolumens"

● Häufigkeit anderweitigen Informationsbedarfs.

Ein Beispiel für eine vorgegebene Häufigkeit einer bestimmten Aufgabenerfüllung ist das 3-monatige Erstellen eines Verkaufs- plans. Der Empfang einer bestimmten Information kann hingegen ein auslösender Faktor für die Informationsverarbeitung sein (z.B. Meldung über Anlieferung führt zur Überprüfung der Waren- bestellung), während bei laufend eintreffenden Informationen, wie z.B. Kundenaufträgen, u.U. erst ein gewisses "Informations- volumen" abgewartet wird (z.B. 50 Aufträge), bevor die Verar- beitung dieser Information durch z.B. Vervollständigung und Eingabe der Auftragsdaten erfolgt.

Bei der Verarbeitungsart "Informationsweitergabe" wird die Häufigkeit der Verarbeitung - soweit hier überhaupt von Infor- mationsverarbeitung im eigentlichen Sinne gesprochen werden kann - meist durch den Bedarf des zu Informierenden vorgegeben.

4.4.1.7 <u>Informationsverarbeitungsmittel</u>

Hinsichtlich der Hilfsmittel für die Verarbeitung der einzel- nen Informationen wird gem. Tab. 11 (Kap. 4.2.2.2, S. 61) unter- schieden. Aus der Sicht des Anwenders haben folgende Kriterien einen Einfluß auf die Wahl des geeigneten Hilfsmittels:

● Informationsverarbeitungsdauer
● Informationsverarbeitungshäufigkeit
● Informationsträger

Die Informationsverarbeitungsdauer wiederum ist eine Funktion der Aufgabenstellung (schlägt sich u.a. in der Informations- verarbeitungsart nieder), des Umfangs der zu verarbeitenden Informationen und der geforderten Aktualität der weiterzulei- tenden Informationen.

Die Einflußgrößen auf die Häufigkeit der Informationsverar- beitung wurden im vorigen aufgeführt. Der Informationsträger

hat insofern Bedeutung für die Auswahl des geeigneten Hilfsmittels zur Informationsverarbeitung, als bei einer Informa-
tionsübertragung mit Hilfe der EDV sich auch eine Verarbeitung
der Information mit diesem Hilfsmittel anbietet. Dies gilt
auch umgekehrt.

Zusammenfassung

Der Informationsbedarf muß also aufgeteilt werden in einzelne
Komponenten, wobei diese wiederum von verschiedenen Kriterien
abhängig sind und sich zusätzlich teilweise untereinander beeinflussen. Abb. 22 zeigt diese Abhängigkeiten auf, wobei das
Kriterium "Aufgabe" vornehmlich den erforderlichen Informationsinhalt vorschreibt, aber global auch die anderen Komponenten
des Informationsbedarfs beeinflußt.

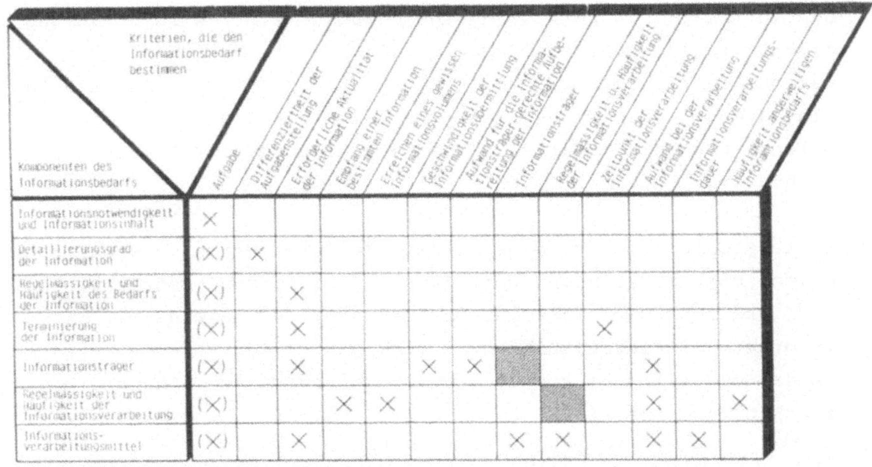

Abb. 22: Einfluß-Übersicht zwischen den Kriterien, die den Informationsbedarf bestimmen und den Komponenten des Informationsbedarfs

Stellt man das daraus resultierende Vorgehen in einem Ablauf-
plan dar, ergibt sich das in Abb. 23 dargestellte Bild. Ausgehend von der bereits in Kap. 4.4.1.3 erläuterten und in Abb.

21, S. 83 dargestellten Vorgehensweise zur Ermittlung der Häufigkeit des Informationsbedarfs, wird in Abhängigkeit von der erforderlichen Aktualität und vom Zeitpunkt der Informationsverarbeitung die zweckmäßige Terminierung der Informationsbereitstellung festgelegt. Die dann vorläufig vorzunehmende Entscheidung über den geeigneten Informationsträger hängt dann von der
erforderlichen Aktualität der Information, von der Geschwindigkeit der Informationsübermittlung, vom Aufwand für die Informationsträger-gerechte Aufbereitung der Information sowie vom
Aufwand bei der Informationsverarbeitung - und damit vom Informationsverarbeitungsmittel ab.

Wie im vorigen bereits erläutert, muß die Bestimmung der Regelmäßigkeit und Häufigkeit der Informationsverarbeitung unter
Berücksichtigung der Kriterien Empfang einer bestimmten Information oder eines gewissen Informationsvolumens, Aufwand bei
der Informationsverarbeitung sowie Häufigkeit des Informationsbedarfs durchgeführt werden. Da zwischen der Häufigkeit der Informationsverarbeitung und der Häufigkeit des Informationsbedarfs
ein gegenseitiges Abhängigkeitsverhältnis besteht, muß die
zuletzt erwähnte Bedarfskomponente u.U. noch einmal korrigiert
werden (vgl. Abb. 23).

Im letzten Schritt wird das geeignete Informationsverarbeitungsmittel bestimmt, in dem der vorläufige Informationsträger, die
Häufigkeit der Informationsverarbeitung, der Aufwand bei der
Informationsverarbeitung sowie die Informationsverarbeitungsdauer, die wiederum auch vom Verarbeitungsmittel abhängt, berücksichtigt werden.

4.4.2 <u>Gegenüberstellung von Informationssystemelement-bezogenem Informationsangebot und -bedarf</u>

Das Angebot der Informationen für die Logistik und die Art
ihrer Verarbeitung wurden im Rahmen der Erfassung des Ist-
Zustandes (vgl. Kap. 4.2) festgestellt. Die Ermittlung des

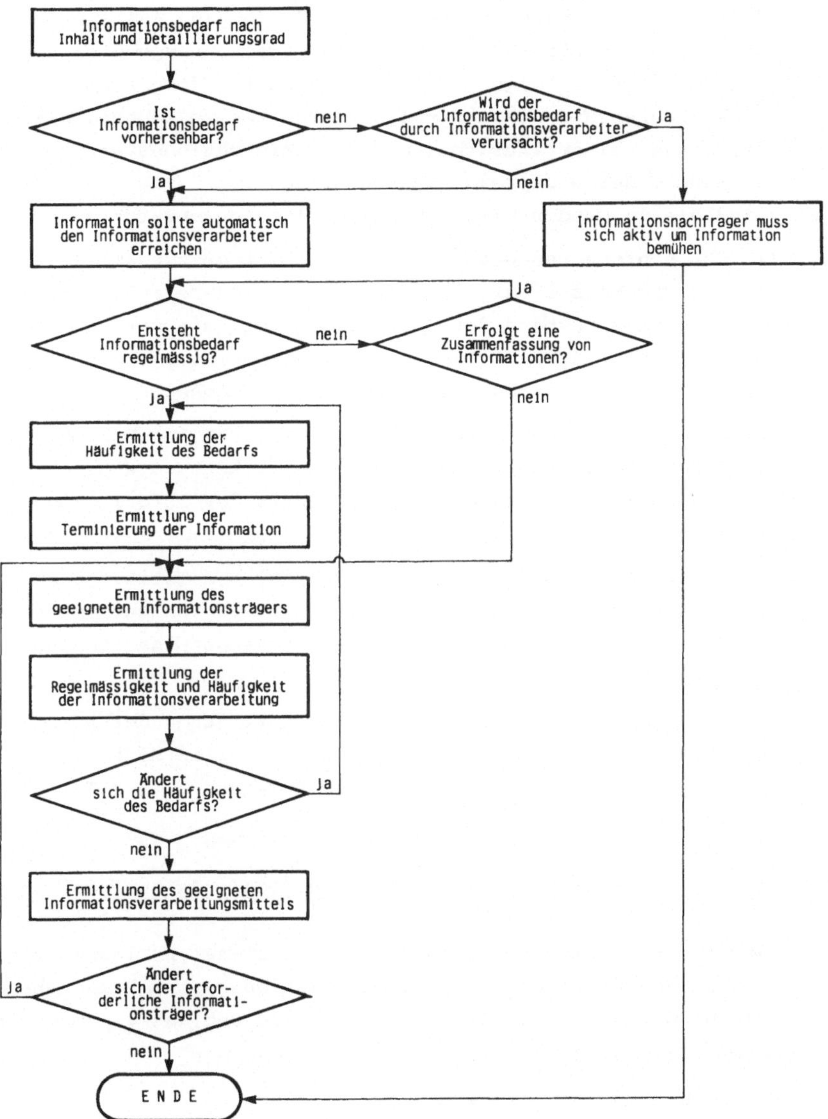

Abb. 23: Vorgehensweise bei der Ermittlung des Informationssystemelementbezogenen Informationsbedarfs

Systemelement-bezogenen Bedarfs wurde in Kap. 4.4.1 beschrieben. Eine Gegenüberstellung des Informationsangebotes und -bedarfs ist im folgenden Arbeitsschritt erforderlich, um Diskrepanzen und Schwachstellen aufdecken zu können, die die Grundlage bei der Ausarbeitung der Informationssystemvorgaben im Rahmen der Grobprojektierung bilden (vgl. Kap. 5). Dabei sind die folgenden vier Arbeitsschritte durchzuführen:

1. Zur einfacheren Gegenüberstellung ist es zweckmäßig, die Ergebnisse aufgrund der Informationsbedarfsermittlung entsprechend der Darstellung des Ist-Zustandes (vgl. Kap. 4.3.1.1, Abb. 17, S. 68) darzulegen, um so einen direkten Abgleich vornehmen zu können.

2. Zur Ermittlung der Abweichungen zwischen Angebot und Bedarf werden durch den Systemanalytiker zuerst die Logistik-Teilaufgaben und der Inhalt der Information verglichen.

3. Anschließend erfolgt ein bezogen auf die Teilaufgaben schrittweise durchzuführender Vergleich von Angebot und Bedarf hinsichtlich der Informationseigenschaften und ihrer Verarbeitung.

4. Eine abschließend zu erstellende Auflistung der Abweichungen zwischen Angebot und Bedarf sollte sich nach den auf Abb. 22, S. 87 aufgeführten Komponenten des Informationsbedarfs gliedern.

4.4.3 Informationssystemelement-übergreifende Analyse

Bestimmte Aspekte der Informationssystemanalyse lassen sich erst behandeln, wenn von der Informationssystemelement-bezogenen Betrachtungsweise abgewichen wird und das gesamte System analysiert wird. Hierbei sind die Fragen der

- Informationsbeschaffungsmöglichkeiten bzw.
  Informationswege

sowie die Fragen der zweckmäßigen

- Teilaufgabenzuordnung

zu den Logistik-Aufgaben und Informationssystemelementen zu behandeln.

Für diesen Analyseschritt ist eine Gegenüberstellung von Informationsangebot und -bedarf nicht zweckmäßig, da von einem Informationssystemelement-übergreifenden Bedarf an Informationen nicht gesprochen werden kann. Hier müssen stattdessen spezifische Fragestellungen bezogen auf das Gesamtsystem behandelt werden, wobei hierfür die Darstellungen des Informationssystem-Ist-Zustandes gem. Kap. 4.3.1.2 und Kap. 4.3.1.3 hinzugezogen werden müssen. Dabei muß zuerst festgestellt werden, welche Informationen bzw. Informationsgruppen (z.B. alle Einzelinformationen, die zur Gruppe der Fertigwarenbestandszahlen zu zählen sind) in mehreren Systemelementen verarbeitet werden. Diese Informationen bzw. Informationsgruppen müssen dann schrittweise durch Beachtung folgender gem. Abb. 24 aufgeführter Fragestellungen (Checkliste) analysiert werden.

- Wo entsteht die betrachtete Information ursprünglich (originäre Informationsquelle)?
- Welche und wieviele Informationssystemelemente empfangen die betrachtete Information?
- Wo werden ähnliche Informationen erstellt (originär oder durch Verarbeitung anderer Informationen)?
- Wie aktuell bzw. wie "alt" ist die betrachtete Information auf Grund der vorherigen Übermittlungs- und Verarbeitungszeiträume?
- Wo und wie können Informationen unter Umgehung von "Zwischenstationen" originär beschafft werden?
- Wo könnten Informationen beschafft werden, die bisher (vor Ermittlung des Informationsbedarfs) nicht benötigt wurden?
- Ist die Aufgabenzuordnung zweckmässig im Hinblick auf den Aufwand zur Informationsbereitstellung?

Abb. 24: Fragestellungen, die bei der Informationssystemelement-übergreifenden Analyse zu berücksichtigen sind (Checkliste)

Faßt man die im Rahmen der Schwachstellenanalyse durchzuführenden Hauptarbeitsschritte gem. Kap. 4.4.1 bis 4.4.3 zusammen, ergibt sich das gem. Abb. 25 dargestellte Bild.

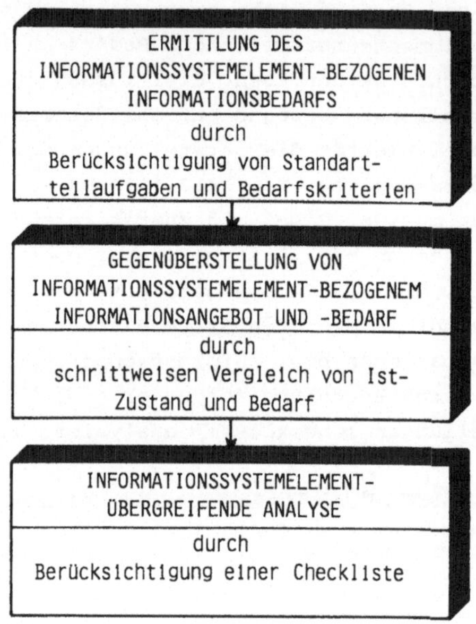

Abb. 25: Vorgehensweise bei der Schwachstellenanalyse
des vorhandenen Logistik-Informationssystems

5. Informationssystem - Grobprojektierung

Vor der Feinprojektierung im Rahmen der Systementwicklung hat
die Grobprojektierung zu erfolgen, die als Ergebnis die Festlegung der Arbeitsumfänge, der Informationsflüsse sowie der
technischen Hilfsmittel für die Übermittlung und die Verarbeitung der Informationen schaffen soll. Die Grobprojektierung
von Informationssystemen beinhaltet die systemtechnisch rele-
vante Strukturierung der Elemente eines Informationsverarbei-
tungsprozesses. Die Elemente werden so angeordnet, daß ein
Output nach Durchführung entsprechender Verarbeitungsvorgänge

aus einem gegebenen Input erzeugt werden kann. Die Entwicklung
eines Informationssystems kann bezogen auf die einzelnen Informationsflüsse (nicht bezogen auf die Gestaltung des Gesamt-
systems) gemäß dem Strukturierungsansatz

- input-,
- verarbeitungs- oder
- outputorientiert

vorgenommen werden.

Bei der inputorientierten Informationssystementwicklung wird
ausgehend von einer gegebenen Menge von Eingabeinformationen
bestimmt, welcher Output nach Durchführung der Verarbeitungs-
prozesse erzeugt werden kann. Dieses Vorgehen ist dadurch
charakterisiert, daß die Ergebnisse eines Informationsverar-
beitungsprozesses von vornherein nicht festgelegt sind und
somit nicht sichergestellt werden kann, daß vorgegebene Auf-
gaben- bzw. Informationsverarbeitungsziele erreicht werden.
Eine solche Vorgehensweise ist für die praktische Systement-
wicklungsarbeit unbrauchbar, da sie eine gezielte, den Informationsbedürfnissen der Aufgabenträger entsprechende Informa-
tionssystemgestaltung verhindert.

Wenn das Informationssystem durch ein verarbeitendes System
ausgehend von der quantitativen und qualitativen Verarbeitungs-
kapazität der Informationsverarbeitungsprozesse bestimmt wird,
kann man von einer verarbeitungsorientierten Informationssystementwicklung sprechen. Hierbei werden die Ergebnisse
der Informationsverarbeitungsprozesse von den Gegebenheiten
der Verarbeitungshilfsmittel und den aufbau- und ablauffor-
ganisatorischen Möglichkeiten geprägt. Die Informationswün-
sche der Benutzer werden auf das "Machbare" reduziert.

Die wichtigste Methode zur Entwicklung von Informationssystemen ist die outputorientierte Vorgehensweise. Ausgehend
von den aufgabenspezifischen Informationsbedürfnissen der

Benutzer wird der gesamte Informationsfluß innerhalb des abgegrenzten Systems geplant. Dieses Vorgehen fand hier bereits
bei der Entwicklung der Analysearbeitsschritte seine Berücksichtigung. Diese Methode setzt beim einzig brauchbaren Maß-
stab für die Informationsfluß-Entwicklung, dem Informationsbedürfnis des Benutzers eines Informationssystems, an (vgl.
SPLETTSTÖSSER 1977, S. 39), muß aber auf die Systemelement-
bezogenen Aspekte beschränkt bleiben, da Gesamtsystem-rele-
vante Kriterien vom einzelnen Benutzer nicht berücksichtigt
werden können. Zu diesen Kriterien gehören Fragen der zweckmäßigen Informationsquellen und -wege als auch der mit der
Übermittlung und Verarbeitung von Informationen verbundenen
Kosten.

Unter Berücksichtigung dieser Aspekte haben sich die im folgenden beschriebenen schrittweise nacheinander und zum Teil
auch rekursiv zu durchlaufenden Arbeitsschritte als zweckmäßig
erwiesen (vgl. Abb. 26).

5.1 Festlegen der Logistik-Aufgaben und ihre Zuordnung

Der erste Arbeitsschritt beinhaltet das Festlegen der Logistik-
Aufgaben und -Teilaufgaben. Diese sind bereits im Rahmen der
Ermittlung des Systemelement-bezogenen Informationsbedarfs ausgehend vom Ist-Zustand unter Berücksichtigung der Analyse der
Zielsetzung vorläufig bestimmt worden. Sie bilden damit die
Basis für alle nachfolgend beschriebenen Grobprojektierungs-
schritte. In dieser Systementwicklungsphase wird diese Festlegung lediglich noch einmal durch Berücksichtigung der systemelement-übergreifenden Aspekte durch den Systemplaner überprüft.

Die nachfolgend notwendige Zuordnung der Logistik-Aufgaben und
-Teilaufgaben muß auf den Ist-Zustand aufbauen (unter Verwertung der aufgabenbezogenen Darstellung sowie der Informationssystemelement-übergreifenden Analyse). Eine systematische Vorgehensweise zur Entscheidung solcher vor allem aufbauorganisatorischer Fragen kann hier nicht entwickelt werden, da die Ein-

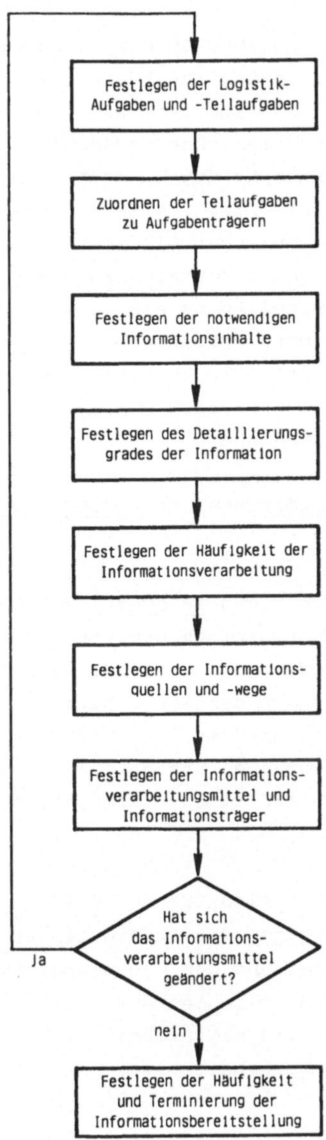

Abb. 26: Schrittweise oder rekursiv zu durchlaufende Arbeitsschritte bei der Grobprojektierung

ordnung der einzelnen Aufgaben in die Aufbauorganisation nicht
nur nach informationellen Gesichtspunkten erfolgen kann. Neben
den quasi übergeordneten Kriterien, wie sie in Kap. 2.4.2 aufgeführt sind, sind vor allem auch personelle Gegebenheiten zu
berücksichtigen, die Entscheidungen nach rein sachlichen Gesichtspunkten u.U. verhindern. Trotzdem können Veränderungen
bzgl. des Einsatzes technischer Hilfsmittel bei der Übermittlung und Verarbeitung von Informationen sowie der Inanspruchnahme von Informationsquellen es als ratsam oder notwendig erscheinen lassen, bestimmte Teilaufgaben anderen Aufgabenträgern
zuzuordnen (vgl. Abb. 26). Gleichermaßen können auch bestimmte
Teilaufgaben entfallen, wenn sich Hilfsmittel, Informationswege
oder Informationsquellen ändern.

5.2 Festlegen der Informationsinhalte und ihres Detaillierungsgrades

Das Festlegen der notwendigen Informationsinhalte kann durch
Verwertung der Analyseergebnisse gem. Kap. 4.4.1.1 sowie Kap.
4.4.2 erfolgen. Falls die gem. der Bedarfsermittlung aufgeführten Teilaufgaben sich nach der Schwachstellenanalyse bzw. nach
der im vorigen behandelten Festlegung nicht geändert haben,
können die bereits gewonnenen Ergebnisse übernommen werden.
Andernfalls ist der erforderliche Informationsinhalt logisch
abzuleiten.

Dasselbe Vorgehen bietet sich für das Festlegen des erforderlichen Detaillierungsgrades der Informationen an. Der logisch
durch den Aufgabenträger und den Systemanalytiker hergeleitete
Detaillierungsgrad wird im Rahmen der Grobprojektierung unverändert übernommen und wird weiter bei der hier nicht behandelten Feinprojektierung berücksichtigt.

5.3 Festlegen der Häufigkeit der Informationsverarbeitung

Abhängig von den vorgegebenen Aufgaben einschließlich der dafür erforderlichen Informationen, wird im nächsten Arbeits-

schritt vorläufig festgelegt, wie häufig diese Informationen
zweckmäßigerweise verarbeitet werden sollten. Gemäß Kap.
4.4.1.6 kann die Häufigkeit der Informationsverarbeitung neben
der jeweiligen Aufgabenstellung vom Empfang einer bestimmten
Information (auslösender Faktor), vom Erreichen eines gewissen
"Informationsvolumens" oder von der Häufigkeit eines anderweitig auftretenden Informationsbedarfs abhängen.

Unter Berücksichtigung der aufgedeckten Schwachstellen bezogen
auf die Verarbeitungshäufigkeit muß bei der Erstellung der Vorgaben noch zusätzlich der Aspekt des Aufwandes und der Kosten
beachtet werden, wobei diese wiederum vom Informationsverarbeitungsmittel abhängen. Daher bleibt es in dieser Phase bei einer
voläufigen Festlegung; die genauere Behandlung des Kostenaspek-
tes erfolgt in Kap. 5.5.

5.4 Festlegen der Informationsquellen

Im Rahmen der Beschaffung von Informationen müssen neben den
erforderlichen Informationen auch die Quellen, aus denen diese
gedeckt werden können oder sollen, festgelegt werden. Dabei
sollte die originäre Beschaffung der Informationen der deriva-
ten vorgezogen werden, weil sie qualitativ höherwertige Informationen liefert. Daneben kann selbstverständlich die derivate,
auf Verarbeitung beruhende Informationsgewinnung zweckmäßig
und sinnvoll sein. Als Regel gilt aber hier, daß die Anzahl
und der Umfang der Verarbeitungsvorgänge möglichst gering gehal-
ten werden sollen, um Störungen aller Art nach Möglichkeit aus-
zuschalten.

Die Festlegung der Informationsquellen sollte in zwei Arbeits-
schritten erfolgen:

1. Ermittlung der Beschaffungsmöglichkeiten
2. Bewertung der Auswahlkriterien

Zur Ermittlung der Beschaffungsmöglichkeiten der Information
kann auf den erfaßten Ist-Zustand zurückgegriffen werden, wobei

dies nur in den Fällen geschehen muß, in denen Schwachstellen
aufgetreten sind und diese auf die Wahl der Informationsquelle
bzw. auf die sich daraus u.U. ergebenden Informationswege zu-
rückzuführen sind.

Bei der Bewertung der alternativen Informationsquellen sind
folgende Auswahlkriterien zu berücksichtigen:

- Erforderliche Aktualität der Information
- Zeit zwischen Informationsentstehung (originär) und
  Empfang der Information beim Empfänger
- Kostenmäßiger Aufwand für die Beschaffung der Information.

Die erforderliche Aktualität der Information mußte bereits im
Rahmen der Ermittlung des Systemelement-bezogenen Informations-
bedarfs festgestellt werden. Hierauf kann in dieser Phase der
Grobprojektierung zurückgegriffen werden.

Dieser geforderten Aktualität muß der Zeitraum zwischen der
originären Informationsentstehung und dem Empfang der Information beim Empfänger gegenübergestellt werden. Dieser Zeitraum wiederum ist abhängig von der Anzahl der Informationsverarbeitungsvorgänge bzw. den "Zwischenstationen" von der Informationsentstehung bis zum Empfang zur Verwertung der Information sowie von der Art des Informationsträgers. Somit kann
die erst im weiteren vorzunehmende Festlegung des Informationsträgers evtl. noch einmal zu einer Änderung der Informationsquelle führen. Die Zahl der Informationsverarbeitungsvorgänge
wiederum beeinfluß neben der Aktualität auch die Wahrscheinlichkeit von Störungen oder Fehlern bei der Übermittlung von
Informationen.

Der kostenmäßige Aufwand für die Beschaffung der Information
ist abhängig vom Informationsträger sowie von der verarbeitungs-
gerechten Aufbereitung der Information zur anschließenden Verwertung. Dieser Aspekt wird im Rahmen der Festlegung des Informationsträgers und des Informationsverarbeitungsmittels behandelt (vgl. Kap. 5.5).

Die Berücksichtigung dieser o.a. Kriterien ist in der Praxis
relativ einfach, da sich zum einen nur für einige "kritische"
Informationen die Frage der Informationsquellen ergibt (abweichend vom Ist-Zustand) und zum anderen dann meist nur wenige
oder sogar nur eine Alternative vorhanden ist.

5.5 Festlegen der Informationsverarbeitungsmittel und Infor-
mationsträger

Bereits im Zusammenhang mit der Ermittlung des Informationsbedarfs hinsichtlich des benutzerseitig geeigneten Informationsträgers wurde deutlich, daß zumindest bei Anwendung der EDV
eine ausgeprägte gegenseitige Abhängigkeit zwischen der Auswahl des Informationsverarbeitungsmittels und des Informationsträgers existiert. Daher hat es sich als zweckmäßig erwiesen, diese Festlegungen nicht streng nacheinander, sondern
mehr oder weniger parallel zu behandeln.

Im Rahmen der Grobprojektierung muß jetzt für alle Informationen, die nach Inhalt, Detaillierungsgrad sowie nach der auf-
gabengerechten Verarbeitungshäufigkeit bestimmt sind, im einzelnen festgelegt werden, mit welchen Hilfsmitteln sie übermittelt und verarbeitet werden sollen. Für die vom Ist-Zustand
ausgehend weiterhin benötigten Informationen sind die Mängel
hinsichtlich der Informationsträger und der Verarbeitungsmittel
im Rahmen der Schwachstellenanalyse aufgedeckt worden. Daher
kann sich die folgende Behandlung der Auswahlproblematik auf
diese "bemängelten" sowie auf die aufgrund der Festlegung der
Informationsinhalte zusätzlich erforderlichen Informationen
beschränken.

Weiterhin soll sich die Fragestellung nur auf Informationsverarbeitungsvorgänge sowie die dafür erforderlichen Informationen,
bei denen ein Einsatz der EDV, bezogen auf die jeweilige Aufgabe, grundsätzlich denkbar ist, beziehen. Für alle anderen
Schwachstellen, die in diesem Zusammenhang relevant sind, kann
der geeignete Informationsträger und das zweckmäßige Verarbei-

tungsmittel direkt aus dem Ergebnis der Schwachstellenanalyse unter Berücksichtigung der Kriterien, die den Informationsbedarf bestimmen, abgeleitet werden.

Betrachtet man nun diese "verbesserungswürdigen" Verarbeitungsvorgänge, reduziert sich die hier behandelte Problemstellung auf die Frage, ob die untersuchten Informationsverarbeitungsvorgänge EDV-gestützt erfolgen sollen, und ob der jeweilige Anwender den Zugang zur "Verarbeitungsquelle" über einen Bildschirm oder über schriftliche Unterlagen wie Eingabeformulare und EDV-Listen haben soll. Daraus resultiert dann zwangsläufig der dazugehörige Informationsträger. Dazu müssen jedoch zusätzlich zu den bisher berücksichtigten Kriterien (vgl. Kap. 4.4. 1.5 und Kap. 4.4.1.7), die die Aspekte des nicht quantifizierbaren Nutzens behandelten, Kosteneinflüsse berücksichtigt werden, um im weiteren eine Kosten-/Nutzen-Abschätzung vornehmen zu können.

Hierbei handelt es sich um eine äußerst schwierige und komplexe Problemstellung, da einerseits eine verursachungsgerechte Informationssystem-Kostenermittlung und -zuweisung sehr schwierig ist, und andererseits die durch den Einsatz technischer Hilfsmittel erzielbare Nutzenerhöhung sehr schwer bewertet oder gar quantifiziert werden kann. Trotzdem wird an dieser Stelle der Versuch unternommen, ein praktikables Verfahren aufzuzeigen, das bei einem vertretbaren Aufwand die Entscheidungen fundierter zu treffen erlaubt.

5.5.1 Informationsverarbeitungskosten

Zur Durchführung der Kosten-/Nutzen-Entscheidung müssen folgende Kostenarten bestimmbar sein:
Durchschnittliche Informationsverarbeitungskosten bei

- konventioneller Informationsverarbeitung
  (ohne EDV-Anwendung),

- Verwendung von EDV-Listen sowie
- Verwendung von Bildschirmen.

Um die <u>Kosten für eine konventionelle Informationsverarbeitung</u> (ohne EDV-Anwendung) abschätzen zu können, sollte wie folgt vorgegangen werden:

1. Auswahl der Informationsverarbeitungsarten (Teilfunktionen), die hinsichtlich des Verarbeitungsmittels als verbesserungswürdig (vgl. Kap. 5.5) eingestuft worden sind.

2. Ermittlung der Anzahl der Verarbeitungsvorgänge pro Mitarbeiter und Monat, die für die entsprechende Teilfunktion durchgeführt werden müssen. Basis dafür sind die Ergebnisse der Ist-Erfassung in Bezug auf die Häufigkeit.

3. Im dritten Arbeitsschritt ergibt sich der monatliche Zeitaufwand für den betrachteten Informationsverarbeitungsvorgang (je Teilfunktion), in dem die Anzahl der monatlichen Einzel-Verarbeitungsvorgänge mit der jeweiligen Dauer multipliziert wird. Geteilt durch die monatliche Nettoarbeitszeit des betrachteten Mitarbeiters erhält man den monatlichen Zeitanteil für die Teilfunktion. Multipliziert mit den mitarbeiterbezogenen monatlichen Personalkosten errechnet sich der Aufwand für die Informationsverarbeitung im Rahmen einer bestimmten Teilfunktion, der pro Monat zu erbringen ist.

Bei den Kostenarten, die sich auf Elemente DV-gestützter Informationssysteme beziehen, ist es erforderlich, die betrieblichen Kosten, die durch die Verwendung der EDV verursacht werden, gem. Abb. 27 aufzugliedern (vgl. DWORATSCHEK 1971, S. 180 ff.).

Hiernach wird zwischen einmaligen Kosten und laufenden Kosten unterschieden, wobei beide Kostenarten jeweils in Maschinenkosten, Personalkosten, Raumkosten sowie Materialkosten unterteilt werden. Die einmaligen Kosten treten unmittelbar im Zusammenhang mit der Einrichtung eines neuen EDV-Systems auf, ohne sich in den folgenden Jahren zu wiederholen. Die laufenden Kosten - auch als Betriebskosten zu bezeichnen - treten regel-

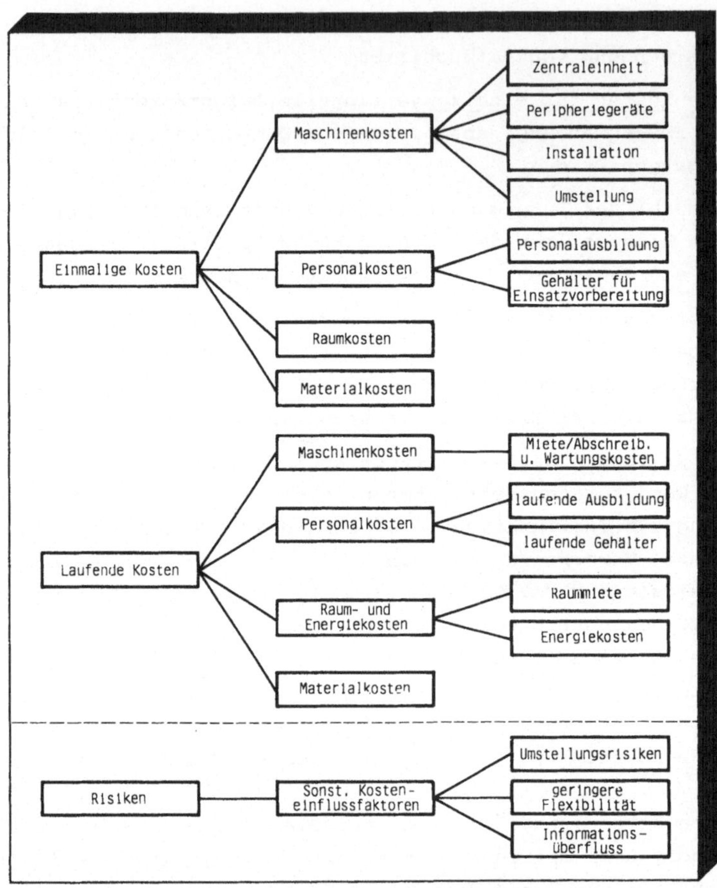

Abb. 27: Gliederung der Kostenarten für betriebliche DV-gestützte
Informationssysteme (vgl. DWORATSCHEK 1971, S. 180)

mäßig auf, wobei hinsichtlich der Maschinenkosten entweder im
Fall des Computer-Kaufs die Abschreibungen und Kapitalzinsen
anfallen, oder bei Miete und Leasing die monatliche Maschinen-
miete bzw. Leasinggebühr in Ansatz gebracht werden müssen.
Dazu fallen Wartungskosten an (evtl. in der Leasinggebühr ent-
halten).

Die mit dem Einsatz der EDV verbundenen Risiken sind ebenfalls
in Abb. 27 aufgeführt. Sie untergliedern sich in Umstellungsrisiken (Abweichungen vom geschätzten finanziellen und zeitlichen Aufwand), geringere Flexibilität (Festlegung auf aus-
gewählte Hard- und Software u.U. über Jahre) und einen möglichen Informationsüberfluß. Die Gefahr eines solchen Überflusses
besteht jedoch bei der konsequenten Anwendung der im vorigen
beschriebenen Analyse und Grobprojektierung nicht. Auch die
Umstellungsrisiken werden durch das hier beschriebene Planungs-
vorgehen weitgehend minimiert, müssen jedoch genauso wie die
Gefahr einer verringerten Flexibilität bei der Durchführung
der Feinprojektierung beachtet werden.

Die hier angedeuteten Kostenrisiken, die man auch als Gefahr
eines negativen Nutzens interpretieren könnte, werden wegen
der fehlenden Bewertbarkeit in dieser Arbeit nicht weiter behandelt.

Wenn nunmehr versucht wird, die Bestimmung der beiden auf S. 102
aufgeführten Kostenarten herzuleiten, wird vorausgesetzt, daß
in der betrachteten Unternehmung bereits EDV eingesetzt wird
und daß auch in verschiedenen Fachabteilungen Bildschirme im
Einsatz sind.

Um die <u>durchschnittlichen Kosten für die Informationsverarbeitung bei Verwendung von EDV-Listen</u> ermitteln zu können, soll
folgendermaßen vorgegangen werden:

1. Ermittlung der gesamten EDV-Kosten pro Monat. Dazu zählen
   alle Kosten der zentralen EDV und der in den Logistik-Bereichen evtl. angesiedelten dezentralen EDV-Anlagen. Dabei
   sollen, wenn möglich, die einmaligen Kosten, die durch
   größere Projekte verursacht werden, ausgeklammert werden.
   Diese Kosten müssen generell vor Beginn einer System-Fein-
   projektierung abgeschätzt werden, die aber nicht Gegenstand der hier behandelten Problematik ist. Betrachtet man

die laufenden Kosten und bezieht diese auf Leistungsein-
heiten (z.B. EDV-Listenerstellung einer Listenart pro Monat), so liegt man bei der Einführung von zusätzlichen
Listen wegen der zu erwartenden Kostendegression insgesamt
auf der "sicheren Seite".

Im einzelnen sollen folgende Kosten berücksichtigt werden:
<u>Maschinenkosten</u> pro Monat (Miete, Leasing, Gebühr oder Ab-
schreibung und Wartungskosten), wobei die Kosten für Bildschirme in den Fachabteilungen ausgeklammert werden.

<u>Personalkosten</u> pro Monat, wobei die Pflege von vorhandenen
Programmen sowie die laufend erforderliche Softwareerstel-
lung mit berücksichtigt wird (jedoch nicht für große Projekte, s.o.).

<u>Raum-, Energie- und Materialkosten</u> kommen voll zum Tragen.

2. Im zweiten Schritt muß der auf die unter 1. abgegrenzten
Kosten bezogene Anteil ermittelt oder geschätzt werden, der
durch die Erstellung von regelmäßig erscheinenden EDV-Li-
sten[1] einschließlich der damit verbundenen Regenvorgänge
verursacht wird. Eine Berechnungsgrundlage könnte u.U. die
Zahl der dafür verbrauchten CPU-Sekunden bezogen auf die
Gesamtrechenzeit sein.
Durch die Multiplikation des unter 2. ermittelten Faktors
mit den unter 1. umschriebenen Kosten ergeben sich die
Gesamtkosten für die Erstellung aller betrieblichen EDV-
Listen pro Monat. Teilt man die Kosten unter 3. durch die
Zahl aller regelmäßig erscheinenden EDV-Listen pro Monat,
erhält man die Kosten für die Erstellung einer Liste (unab-
hängig von der Häufigkeit der Erscheinung und der Zahl der
Empfänger).

---

1) Unter einer EDV-Liste seien alle diejenigen Listen verstanden,
die im Rahmen eines Verarbeitungs- bzw. Erstellungsvorganges
erstellt werden, unabhängig von der Zahl der Empfänger einer
bestimmten Liste.

3. Diese Kosten müssen dann mit der monatlichen Häufigkeit
   einer bestimmten Liste für eine bestimmte Teilaufgabe multipliziert werden. Sollte eine EDV-Liste für mehrere Teilfunktionen verarbeitet werden, muß der "Listenpreis" vor-
   her durch die Zahl dieser Teilfunktionen dividiert werden.
   Damit erhält man die monatlichen EDV-Listen-Kosten, die
   für die Verarbeitung der darin enthaltenen Informationen
   für eine bestimmte Teilaufgabe bei einem bestimmten Aufgabenträger aufgewandt werden müssen.

4. Im vierten Schritt werden die für die Verarbeitung der
   EDV-Listen-Information entstehenden Personalkosten pro
   Monat, die der Benutzer verursacht, berechnet. Dazu wird
   auf die Ist-Erfassung des Informationssystems zurückgegriffen und die Verarbeitungszeit pro Monat über die Verarbeitungshäufigkeit und Verarbeitungszeit pro Verarbeitungsvorgang berechnet. Über die Nettoarbeitszeit und die
   Personalkosten pro Monat erhält man die Personalkosten,
   die monatlich benutzerseitig durch die Erfüllung einer
   Teilaufgabe entstehen.

Durch Addition der unter 3. und 4. berechneten Kosten ergibt
sich der monatlich entstehende Kostenbetrag, der bezogen auf
eine Teilaufgabe bei Verwendung von EDV-Listen für die Informationsverarbeitung beim Anwender insgesamt entsteht.

Der so ermittelte Wert kann die Realität nur so gut wiedergeben, wie die o.a. Kosten verursachungsgerecht erfaßt werden
können. Eine weitere Ungenauigkeit ergibt sich dadurch, daß
der je Liste verschieden große Aufwand zur Erstellung unberücksichtigt bleiben muß.

Um die <u>durchschnittlichen Informationsverarbeitungskosten bei
Verwendung von Bildschirmen</u> abschätzen zu können, sollte wie
folgt vorgegangen werden:

1. Ermittlung der gesamten EDV-Kosten pro Monat entsprechend
   der auf Seite 103 erläuterten Abgrenzung.

2. Im zweiten Schritt muß der Anteil bezogen auf die unter 1.
   abgegrenzten Kosten ermittelt oder geschätzt werden, der
   durch die Inanspruchnahme der Bildschirmbedienungen (in
   den Fachabteilungen) bzw. den daraus resultierenden Rechenvorgängen in der zentralen oder dezentralen EDV-Anlage verursacht wird. Wie dies geschehen kann, muß je nach verwen-
   deter Kostenarten- oder Kostenstellenrechnung im betrieblichen Informationswesen festgelegt werden (vgl. auch DWO-
   RATSCHEK 1972, S. 100 ff.).

3. Durch das Verhältnis der unter 2. erfaßten Kosten und der
   Anzahl der vorhandenen Bildschirme in den Fachabteilungen
   ergibt sich die Höhe der "Versorgungskosten" pro Bildschirm
   und Monat. Über die monatlichen Kosten für einen Bildschirm
   sowie die evtl. durch den Bildschirm zusätzlich verursach-
   ten Raumkosten (i.d.R. vernachlässigbar) errechnet sich der
   finanzielle Aufwand für den Bildschirm am Arbeitsplatz. Hier
   bleiben die Personalkosten des Benutzers (für die Verwertung der Information) unberücksichtigt.
   Die Addition der "Versorgungskosten" und Bildschirmkosten
   am Arbeitsplatz ergibt die Kosten des Bildschirmarbeits-
   platzes pro Monat.
   Dividiert man diese Kosten durch die durchschnittliche
   Anzahl aller pro Monat über einen Bildschirm abgewickelten
   Verarbeitungsvorgänge (über alle Anwender), so erhält man
   die durchschnittlichen Kosten für einen Bildschirmverarbei-
   tungsvorgang. Die Zahl der pro Monat erfolgten Verarbeitungsvorgänge wurde im Rahmen der Ist-Erfassung festgestellt.

4. Im vierten Arbeitsschritt muß, bezogen auf eine Teilaufgabe,
   geschätzt werden, wieviel Bildschirmverarbeitungsvorgänge
   pro Monat erforderlich sein würden, falls ein Verarbeitungsvorgang in Zukunft mit anderen Hilfsmitteln über einen Ar-
   beitsplatzbildschirm veranlaßt würde.
   Die Multiplikation der geschätzten Anzahl an Bildschirmver-
   arbeitungshäufigkeiten mit den durchschnittlichen, unter 3.
   aufgeführten Kosten ergibt die je Teilaufgabe entstehenden Informationsverarbeitungskosten pro Monat, die unter
   Verwendung von Arbeitsplatzbildschirmen ohne Berücksichtigung der Benutzer-Personalkosten entstehen.

5. Im fünften Arbeitsschritt muß geschätzt werden, wieviel
   Zeit pro Verarbeitungsvorgang durch den Anwender aufgewandt
   werden muß, um die Abfrage zu veranlassen und die empfangene
   Information zu verwerten. Über diesen Zeitbedarf und die
   unter 4. geschätzte Häufigkeit ergibt sich der Zeitanteil
   bezogen auf die monatliche Nettoarbeitszeit. Über die mitarbeiterbezogenen monatlichen Personalkosten errechnet sich
   der benutzerseitige Personalkostenaufwand. Durch Addition
   der Kosten unter 4. erhält man die monatlichen Informations-
   kosten, die bei der Verwendung von Arbeitsplatzbildschirmen
   bezogen auf eine Teilaufgabe entstehen.

5.5.2 Informationsverarbeitungsnutzen

Den Kosten eines Informationssystems stehen auf der Nutzenseite
Kosteneinsparungen gegenüber. Noch bedeutender sind jedoch auf
der Nutzenseite Leistungssteigerungen, die sich infolge eines
verbesserten Informationssystems in den einzelnen betrieblichen
Funktionsbereichen bzw. in der Gesamtunternehmung ergeben. Ihre
Quantifizierung und wirtschaftliche Bewertung ist allerdings
teilweise problematisch. Bei der Differenzierung des Nutzens
wird an dieser Stelle zwischen Primärnutzen und Sekundärnutzen
unterschieden (vgl. Abb. 28).

Unter Primärnutzen sind die Verbesserungen zu verstehen, die
sich direkt aus der Verbesserung der Informationsverarbeitungsvorgänge und damit des Informationssystems als Ganzes
ableiten lassen.

Hinsichtlich der Informationsverarbeitungskosten können sich
sowohl die Personalkosten als auch die Maschinenkosten ändern.
Durch die Erhöhung des Automatisierungsgrades werden die Kosten für die technischen Hilfsmittel in der Regel steigen, während die Personalkosten je nach Grad der erzielten Leistungs-
steigerung fallen oder steigen können.
Den Kostenänderungen steht die Verbesserung des Verarbeitungsergebnisses gegenüber:

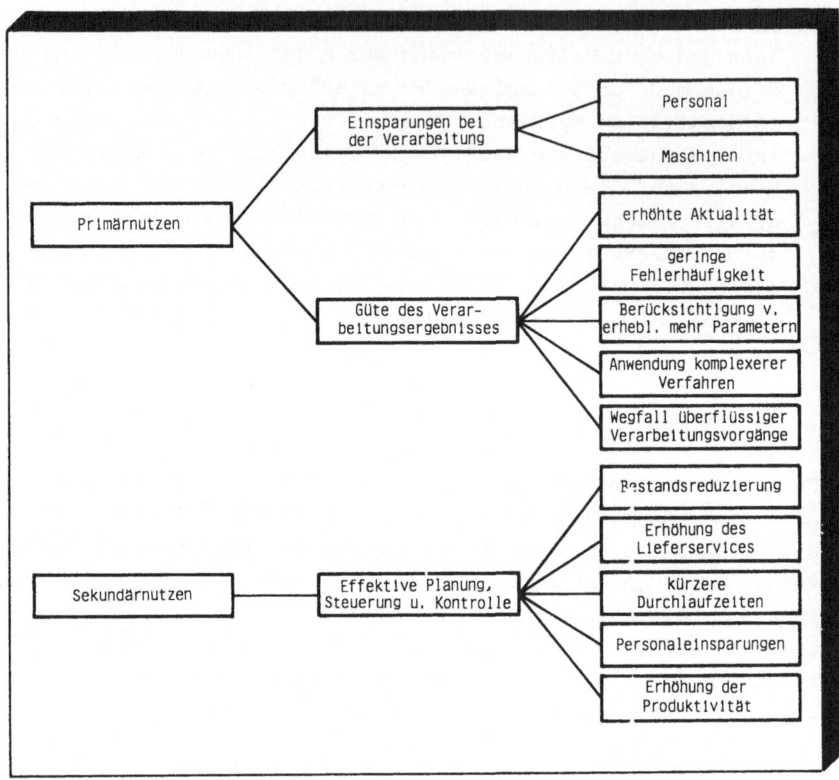

Abb. 28: Gliederung der Einflußfaktoren auf der Nutzenseite
durch Optimierung der Informationsverarbeitungsvorgänge

- **Erhöhte Aktualität** des Verarbeitungsergebnisses.

- **Geringere Fehlerhäufigkeit** in Bezug auf das Verarbeitungsergebnis. Bei einer maschinellen Informationserstellung
ist die Gefahr des menschlichen Irrtums - abgesehen von
Eingabefehlern - ausgeschlossen. Demgegenüber kann die
Flexibilität bei der Informationsverarbeitung abnehmen.

- **Berücksichtigung von erheblich mehr Parametern** bei komplexen Verarbeitungsvorgängen (z.B. bei der Erstellung
von Produktionsplänen).

- Die <u>Anwendung komplexerer Verfahren</u> kann u.U. erst durch
  die Verwendung entsprechender·Hilfsmittel möglich werden,
  z.B. bei einer hohen Anzahl von Parametern (s.o.) oder
  bei aufwendigen Rechenvorgängen (z.B. Tourenplanung).

- Schließlich ist der vollständige <u>Wegfall überflüssig
  gewordener Verarbeitungsvorgänge</u> möglich, wenn sich durch
  die Anwendung komplexerer Verfahren bestimmte Teilfunktionen quasi erübrigen (z.B. Annahme und Prüfung von Kundenaufträgen in der Zentrale - bereits schon im dezentralen Verkaufsbüro erfolgt - erübrigt sich, da Aufträge direkt dezentral in die EDV eingegeben werden).

Der Sekundärnutzen bezieht sich auf Kostensenkungen oder Leistungssteigerungen, die sich auf das Zusammenspiel der Funktionen im Gesamtsystem beziehen. Daß sich diese Vorteile, die
sich durch eine effektivere Planung, Steuerung und Kontrolle
der Logistik-relevanten Aufgaben ergeben, tatsächlich einstel-
len, kann nur vermutet bzw. logisch hergeleitet werden. Selbst
nach Einführung eines verbesserten Informationssystems festgestellte betriebliche Leistungsveränderungen können nicht eindeutig auf die Veränderung des Informationssystems zurückge-
führt werden, da die Ergebnisse der Planung, Steuerung und
Kontrolle der Materialbewegungen von zu vielen anderen Einflußfaktoren abhängen. Trotzdem sind folgende Verbesserungen
zu erwarten (vgl. Abb. 28, S. 108):

- <u>Bestandsreduzierung</u> aller Bestandsarten,

- <u>Erhöhung des Lieferservices</u>,

- <u>kürzere Durchlaufzeiten</u> vom Eingang des Kunden-
  auftrages bis zur Auslieferung der Fertigwaren,

- <u>Personaleinsparungen</u> durch die Verbesserung der logistischen Abläufe - zusätzlich zu den evtl. sich ergebenden Personalkostenverringerungen direkt im Rahmen
  der Informationsverarbeitung (Primärnutzen, vgl. Abb. 28),

- <u>Erhöhung der Produktivität</u> durch einen effektiveren
  Einsatz von Personal und Maschinen.

Da sich die einzelnen Einflußfaktoren auf der Sekundärnutzen-
seite kaum zur Berücksichtigung bei einer Kosten-/Nutzen-Ent-
scheidung eignen, werden diese im weiteren nicht in die Betrachtung miteinbezogen. Für die Auswahl der Informationsverarbeitungsmittel sollen hier die quantifizierbaren Komponenten des Primärnutzens bewertet werden. Diese sind die Personalkosten der Benutzer sowie die Maschinen- und Personalkosten, die durch die DV-gestützte Informationsverarbeitung
verursacht werden. Dazu kommen die Kosteneinsparungen, die
durch den Wegfall überflüssiger Verarbeitungsvorgänge er-
zielt werden können.

Hinsichtlich der hier auszuwählenden Informationsverarbeitungsmittel soll unterschieden werden zwischen der Verarbeitung

- ohne technische Hilfsmittel,

- durch die zentrale EDV (Ergebnisangabe per zentral
  oder dezentral erstellter EDV-Liste) sowie

- durch die zentrale EDV, wobei der Verarbeitungsanstoß
  sowie das Verarbeitungsergebnis mittels dezentralem
  Terminal (in der Fachabteilung) gegeben bzw. empfangen
  wird - ohne Unterscheidung zwischen real-time- und
  batch-Verarbeitung.

Nach Ermittlung bzw. Schätzung dieser Kosten (vgl. Kap. 5.5.1)
kann jetzt die Entscheidung hinsichtlich des geeigneten Informationsverarbeitungsmittels sowie des damit verbundenen Informationsträgers durch Vergleich der Informationsverarbeitungskosten getroffen werden. Hinsichtlich des Einsatzes von Bildschirmen muß der Kostenvergleich natürlich berücksichtigen, ob
bereits ein Terminal am betreffenden Arbeitsplatz vorhanden
ist, bzw. wieviele Anwendungen erforderlich sind, damit sich
die Inbetriebnahme lohnt. Zusätzlich zu den Kostenveränderungen
durch den Einsatz alternativer Verarbeitungsträger muß die Ein-
sparung durch den sich möglicherweise ergebenden Wegfall von
Informationsverarbeitungsvorgängen in die Rechnung miteinbezogen werden. Desweiteren müssen bei der Entscheidungsfindung
neben dem Kostenvergleich die nicht quantifizierbaren Nutzen-

komponenten berücksichtigt werden. Eine Anleitung oder Empfehlung dafür, wie dies geschehen soll, kann hier nicht allgemeingültig gegeben werden. Dies hängt von den unternehmungsspezifischen Gegebenheiten und Zielsetzungen ab.

Die vorgestellte Vorgehensweise zur Durchführung eines Kostenvergleichs zur Bestimmung des geeigneten Informationsverarbeitungsmittels und Informationsträgers kann damit einerseits nur "Vorentscheidungen" liefern; andererseits kann das Vorgehen analog auch für die Berücksichtigung anderer Informationsverarbeitungsmittel herangezogen werden. Dies hängt vor allem von den Möglichkeiten der Kostenermittlung ab. Eine Übersicht über alle durchzuführenden Arbeitsschritte beim Festlegen der Informationsverarbeitungsmittel und Informationsträger zeigt Abb. 29.

5.6 <u>Festlegen der Häufigkeit der Informationsbereitstellung sowie der Terminierung der Bereitstellung</u>

Benutzerseitig hängt die Häufigkeit bzw. Regelmäßigkeit der Informationsbereitstellung von der erforderlichen Aktualität der Information, der Häufigkeit der Informationsverarbeitung sowie dem Aufwand bei der Informationsverarbeitung ab. Für die Informationen, die hinsichtlich ihres Verarbeitungsmittels und Informationsträgers keine Änderung erfahren, kann die vorläufige Festlegung aufgrund der Schwachstellenanalyse beibehalten werden. Für die in Zukunft mit anderen Hilfsmitteln zu übermittelnden und verarbeitenden Informationen wurde die erforderliche Aktualität bei der Festlegung des Verarbeitungsmittels berücksichtigt. Zur Kostenermittlung mußte die Häufigkeit der Verarbeitungsvorgänge bereits festgelegt werden, wobei der Aufwand bei der Informationsverarbeitung bereits Gegenstand des Kostenvergleichs war.

Die Terminierung der Informationsbereitstellung hängt gem. Kap. 4.4.1.4 ebenso von der erforderlichen Informationsaktualität und vom Zeitpunkt der Informationsverarbeitung ab. Auch hier können die vorläufigen Festlegungen gem. der Schwachstellen-

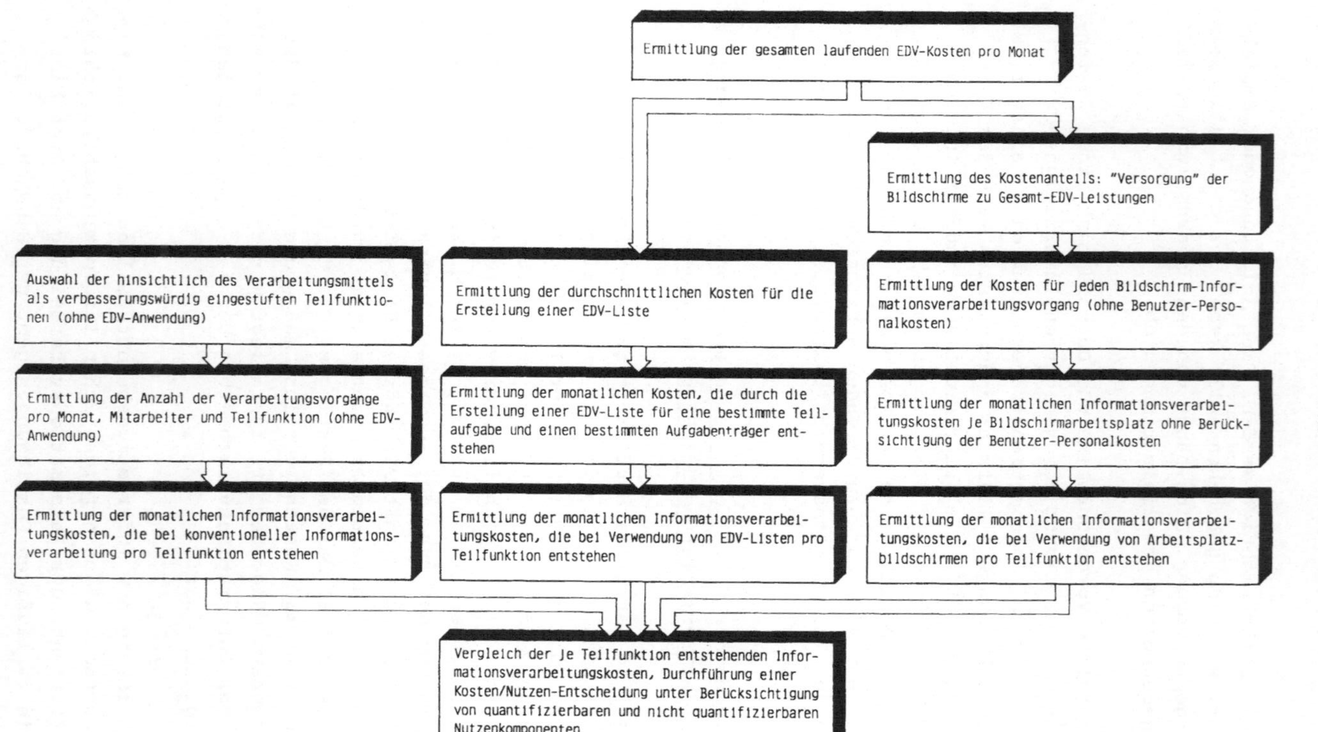

Abb. 29: Vorgehensweise beim Festlegen der Informationsverarbeitungsmittel und Informationsträger

analyse übernommen werden, wobei sich jedoch durch Änderungen
hinsichtlich der Häufigkeit der Informationsverarbeitung oder
des Aufwandes bei der Verarbeitung Korrekturen ergeben könnten
(vgl. Abb. 26, S. 95).

Zusammenfassend kann festgehalten werden, daß aufgrund einer
systematisch und gründlich durchgeführten Analyse die weitaus
meisten, vorläufigen Systemfestlegungen im Rahmen der Grobprojektierung als Systemvorgaben für die Feinprojektierung
übernommen werden können. Die Entscheidung hinsichtlich der
geeigneten Hilfsmittel zur Übermittlung und Verarbeitung der
Informationen erfordert jedoch einen größeren Aufwand, da hierfür Kostengesichtspunkte berücksichtigt werden müssen, wobei
auf Schätzungen nicht verzichtet werden kann. Die Veränderungen
bzgl. der Hilfsmittel haben dann i.d.R. Konsequenzen zur Folge,
die die Teilaufgabeninahlte, die Zuordnung der Teilaufgaben zu
den Aufbauorganisationselementen bzw. Aufgabenträgern sowie die
Häufigkeit der Informationsverarbeitung betreffen können, so
daß ein teilweise rekursives Durchlaufen der Arbeitsschritte
gem. Abb. 26 (S. 95) vonnöten sein kann.

6. <u>Dokumentation des Ist-Zustandes (Systempflege)</u>

Die Bedeutung der Dokumentation von Informationssystemen für
EDV-Anwendungen wurde bereits früh erkannt (vgl. SPLETTSTÖSSER
1977, S. 72 ff.). Wie wichtig das jederzeit abrufbare Wissen
über die informationellen Gegebenheiten ist, wird auch darin
deutlich, daß der Ist-Zustand hinsichtlich der DV-gestützten
Informationszusammenhänge mittlerweile durch Dokumentations-
verfahren festgehalten werden kann, die sich selbst der Hilfe
der EDV bedienen (vgl. SPLETTSTÖSSER 1977, S. 73). Dahingegen
wird bis heute in der Praxis zu wenig der Tatsache Rechnung
getragen, daß für Informationssystemplanungen speziell hinsichtlich der Anwendungen, die bisher ohne maschinelle Unterstützung
erfolgten, der Ist-Zustand des Gesamt-Systems, also einschließlich der ohne technische Hilfsmittel ablaufenden Informations-
übermittlungen und -verarbeitungen bekannt sein muß. Denn erst

diese Kenntnis ermöglicht die Rationalisierungspotentiale zu
erkennen und die anschließenden Entscheidungen vornehmen zu
können. Im einzelnen sprechen folgende Gründe für die Dokumentation und ständige Aktualisierung eines einmal aufgenommenen
und dokumentierten Informationssystem-Ist-Zustandes:

- Ein betriebliches Informationssystem ist - abgesehen von
  größeren Planungsprojekten - laufend Veränderungen unterworfen. Diese sind bedingt durch:

  - Maßnahmen hinsichtlich der Aufbauorganisation (Anordnung
    von Aufbauorganisationselementen, zusätzliche oder weg-
    fallende Stellen),

  - Maßnahmen hinsichtlich der Ablauforganisation in den
    Fachbereichen,

  - punktueller Einsatz anderer Hilfsmittel bei der Informa-
    tionsübermittlung und -verarbeitung

- Das Bewußtsein der Mitarbeiter für die Bedeutung eines ratio-
  nellen Informationssystems wird gestärkt.

- Der Aufwand für eine einmalige Informations-Gesamtsystemer-
  fassung ist erheblich größer als der bei permanenter Akuali-
  sierung des vorhandenen Ist-Zustandes. Zwar scheint vorder-
  gründig durch die ständig vorzunehmende Pflege der Dokumentation eher das Gegenteil der Fall zu sein, doch muß man sich
  vor Augen führen, daß in der Regel bereits nach wenigen Mo-
  naten so viele Veränderungen im System vorgenommen wurden
  bzw. sich ergeben haben, daß der "alte" Ist-Zustand für Neu-
  planungen kleineren Umfangs in einigen Bereichen nicht mehr
  die Realität wiederspiegelt.

Ist die Notwendigkeit zur Dokumentation und Aktualisierung erkannt worden, muß sichergestellt werden, daß dies in der Unternehmung auch tatsächlich geschieht:

- Der einmal erfaßte Ist-Zustand ist zum einen zentral in der
  Organisations- oder EDV-Abteilung (in allen Darstellungs-

arten, vgl. Kap. 4.3.1) und dezentral in den Fachabteilungen
(Informationssystemelement-bezogene Darstellung, vgl. Kap.
4.3.1.1) abzulegen. Dabei kann die Systembeschreibung als
Stellenbeschreibung und "Informationsweitergabevorschrift"
dienen (bei regelmäßig anderweitig benötigten Informationen).

● Es muß sichergestellt werden, daß jede Veränderung in Bezug
auf den dokumentierten Ist-Zustand festgehalten, weitergegeben und anschließend die entsprechenden Unterlagen zentral
aktualisiert werden. Dies wird durch eine regelmäßig in der
Organisationsabteilung und in den Fachabteilungen durchzuführende Überprüfung erleichtert.

7. <u>Möglichkeiten der DV-Unterstützung bei der Planung und Dokumentation von Informationssystemen</u>

Die bei der Ist-Aufnahme, Analyse, Grobprojektierung und Dokumentation von Logistik-Informationssystemen gesammelten Erfahrungen haben deutlich gemacht, daß bei dem in den Untersuchungsfeldern vorgefundenen Informationsvolumen speziell im Rahmen
der Plausibilitätsprüfung sowie bei der späteren Aktualisierung
des dokumentierten Ist-Zustandes ein erheblicher Aufwand betrieben werden muß. Dies ist in der Tatsache begründet, daß
das nachträgliche Korrigieren von dargestellten Informationssystemen schon bei wenigen Änderungen zu einer völligen Neuer-
stellung von Ist-Darstellungen führt.

Ausgehend von dieser Erkenntnis war der Gedanke naheliegend,
sich für die Abbildung und nachträgliche Korrektur von Informationssystemen der Hilfe der EDV zu bedienen. Die Auseinandersetzung mit dieser Aufgabenstellung führte zu der Erkenntnis, daß die einmal DV-gestützt erfaßten Informationsbeziehungen auch bei der Analyse bzw. Grobprojektierung sowie bei
der hier nicht behandelten Feinprojektierung verwertet werden
können.

Zur EDV-gestützten Auswertung der im Laufe dieses Projektes

erfaßten Daten wurde ein geeignetes Programmsystem entwickelt,
das auch dem EDV-unerfahrenen Organisator erlaubt, sich einen
guten Überblick über die Informationsstruktur zu verschaffen.
Dieses Programmsystem ist in COBOL geschrieben und wurde auf
einer SIEMENS-Rechenanlage des Typs 7.738 unter dem Betriebs-
system BS 2000 implementiert. Um die Benutzung so einfach und
übersichtlich wie möglich zu machen, wurde außerdem das SIE-
MENS-Softwareprodukt IFG (Interaktiver Formatgenerator) eingesetzt, mit dessen Hilfe alle Bildschirmmasken erstellt und für
die Einbindung in das COBOL-Programmsystem aufbereitet wurden.
Der erste Schritt zum Einsatz des Programmsystems ist die
Übertragung der erfaßten Daten in die Systemdateien. Die Übertragung gliedert sich in vier Stufen:

- die Erfassung der Abteilungsbezeichnungen,
- die Erfassung der Teilaufgabenbeschreibungen,
- die Erfassung der ausgetauschten Informationen
  einschließlich ihrer Eigenschaften,
- die Erfassung der Teilaufgaben- und Informationszusammenhänge (Zuordnung der Informationen zu den
  Teilaufgaben und Informationssystemelementen).

```
********************        PROGRAMMSYSTEM  I N F O        *********************
*                                                                             *
* FALLS SIE DIE AUGENBLICKLICHE FUNKTION VERLASSEN WOLLEN, TRAGEN SIE BITTE   *
* EIN  H  IN DAS FOLGENDE STEUERFELD EIN UND BEENDEN DIE EINGABE DURCH DUE.   *
*                                                                             *
*                    STEUERFELD:      _                                       *
*                                                                             *
*   FOLGENDE ANGABEN WERDEN FUER DIE DATEI 'INFOBEZ' BENOETIGT:               *
*                                                                             *
*                                                                             *
*   SYSTEM-NUMMER        :      aaa            VORL-INFO-NR:  ###             *
*   BEZEICHNUNG          :      ------------   -------------   -------------   *
*   DATENTRAEGER         :      -----         -----          -----            *
*   HAEUFIGKEIT          :      ---           ---            ---              *
*   TERMINIERUNG         :      ------        ------         ------           *
*                                                                             *
*   SENDER   EMPFAENGER        SENDER   EMPFAENGER        SENDER   EMPFAENGER  *
*                                                                             *
*   -----    -----             -----    -----             -----    -----      *
*   -----    -----             -----    -----             -----    -----      *
*   -----    -----             -----    -----             -----    -----      *
*   -----    -----             -----    -----             -----    -----      *
*   -----    -----             -----    -----             -----    -----      *
*                                                                             *
********************        PROGRAMMSYSTEM  I N F O        *********************
```

Abb. 30: Beispiel einer Erfassungsmaske (für die Informa-
         tionsbeschreibungen)

Dazu hat der Anwender die Daten aus den Erfassungsformularen (vgl. Abb. 33, S. 148) einfach in die vier Bildschirmmasken, die jeweils einem Teil der Formblätter entsprechen, zu übernehmen. Ein Beispiel einer solchen Erfassungsmaske zeigt Abb. 30. Die drei weiteren Masken sind dem Anhang zu entnehmen (Abb. 52 - 54, S. 161 - 162).

Im einzelnen werden mit Hilfe der erstellten Programme folgende Planungsschritte unterstützt:

1. Überprüfung der Plausibilität

Nach Eingabe der Informationsangaben sowie der einzelnen Teilaufgaben können die daraufhin notwendigen Plausibilitätsprüfungen erleichtert werden. Im ersten Schritt hat es sich vor weiteren Verarbeitungsvorgängen als zweckmäßig erwiesen, alle gespeicherten Informationen in alphabetischer Folge aufzulisten. Damit können vorläufig die Informationsbezeichnungen abgeglichen werden, bevor das System mit Hilfe der beschriebenen Darstellungstechniken DV-gestützt abgebildet wird (vgl. Abb. 55, S. 163 im Anhang).

Im zweiten Schritt erfolgt dann die eigentliche Plausibilitätsprüfung, in dem gefragt wird, ob die Information x (als Input) bei Empfänger B ankommt, die vom Sender A (als Output) gesendet wurde.
Dabei werden die Informationsbezeichnung sowie die Häufigkeit der Information berücksichtigt. Ein Beispiel für die sich daraus ergebende Fehlermeldung zeigt Abb. 56, S. 164 im Anhang.

2. Darstellung des Ist-Zustandes

Grundsätzlich können mit Hilfe der entwickelten Programme die Informationssystem-Darstellungen, wie sie in Kap. 4.3.1 beschrieben worden sind, auch automatisiert erstellt werden. Dabei werden jedoch die ein- und ausgehenden Informationen je Teilaufgabe jeweils getrennt - also u.U. pro Informationssystemelement mehrfach - aufgeführt, da eine Verzweigung der Graphen wie bei der manuell erstellten Darstellung nicht ohne weiteres durch das System selbständig erfolgen kann.

Vor der Verarbeitung der Daten zur Ist-Abbildung ist es erforderlich, die einzelnen Teilaufgaben sowie die dazugehörigen Informationen mit Identifikationsfeldern zu versehen, die die Zuordnung zu den Logistik-Aufgaben und den verschiedenen Darstellungstechniken erlauben:

a) Neben der Zuordnung der Logistik-Teilaufgaben zu Logistik-Abteilungen bzw. Systemelementen müssen die einzelnen Teilaufgaben den entsprechenden Logistik-Aufgaben zugeordnet werden.

b) Damit die Gesamtsystem-bezogene Darstellung automatisiert erstellt werden kann, müssen alle Informationen mit einem "Verdichtungscode" versehen werden. Hierbei werden drei Abstufungen realisiert, so daß die das Gesamtsystem beschreibende, jedoch verdichtete Darstellung je nach Aufgabenstellung hinsichtlich ihres Verdichtungs- bzw. Detaillierungsgrades variiert werden kann.

3. <u>Informationssystem-Analyse</u>

Zur Unterstützung der Schwachstellenanalyse bieten sich weitere Anwendungen an, die auch programmtechnisch realisiert worden sind:

- Es kann abgefragt werden, wo bestimmte technische Hilfsmittel zur Informationsverarbeitung eingesetzt werden (z.B. Terminals).

- Es kann überprüft werden, welche Systemelemente eine bestimmte Information empfangen (z.B. eine bestimmte EDV-Liste).

- Es kann ermittelt werden, wie häufig bestimmte Informationsverarbeitungsmittel eingesetzt werden (Frage der Rentabilität).

Weitere Anwendungen sind denkbar und lassen sich mit dem

vorhandenen Datenmaterial für spezifische Fragestellungen
auch im Rahmen der Feinprojektierung ohne großen Aufwand
realisieren.

8. Anwendung des Planungsinstrumentariums

Das im vorigen beschriebene Verfahren zur Analyse und Grobprojektierung von Logistik-Informationssystemen basiert auf
Voruntersuchungen in 21 Unternehmungen, die ausschließlich
zur Gruppe der Serienfertiger zu zählen sind. Die Befragung
von etwa 120 Mitarbeitern in Logistik-Bereichen ließ die wichtigsten Problemfelder in der Praxis erkennen und ermöglichte
die Erarbeitung des Analyse-Instrumentariums, wie es in Kap. 4
beschrieben worden ist. Um dieses Verfahren auf seine Praktikabilität hin überprüfen zu können, wurden fünf Unternehmungen
ausgewählt, in denen die vorhandenen Logistik-Informationssysteme erfaßt und analysiert wurden.

8.1 Auswahl und Beschreibung der Untersuchungsfelder

Um die hier behandelte ohnehin schon sehr komplexe Problematik etwas einzuengen, wurden ausschließlich Untersuchungsfelder ausgewählt, die in Serien bzw. Massen eine lagerorientierte
Mehrproduktfertigung aufgrund von Absatzerwartungen vornehmen.
Wie im weiteren jedoch deutlich wird, kann das prinzipielle
Vorgehen bei der Informationssystemplanung auch bei Auftrags-
fertigern angewandt werden; die zu betrachtenden betrieblichen
bzw. logistischen Aufgaben und die dazu erforderlichen Infor-
mationsarten weichen jedoch in einigen Bereichen ab. Einen
Überblick über die die Untersuchungsfelder beschreibenden Cha-
rakteristika zeigt Tab. 16.

Das Produktspektrum umfaßt 65 bis 600 Artikel. Die Produktion
erfolgt im Hinblick auf einen anonymen Markt nur selten auf-
tragsbezogen. Die Unternehmungen beschäftigen 1.000 bis 8.500
Personen und sind damit zu den Mittel- und Großunternehmungen
zu zählen.

Untersuchungs-feld / Merkmal	1	2	3	4	5
Branche	Süsswaren	Haushalts-geräte	Haushalts-geräte	Metallwa-ren, Gar-tengeräte	Haushalts-geräte
Umsatz pro Jahr [10^6DM]	370	350	980	95	750
Anzahl Beschäftigte	1.500	3.000	8.500	1.000	3.000
Anzahl der Produkte	110	600	200	600	65
Anzahl Kundenaufträge pro Jahr [10^3]	105	60	110	115	270
Anzahl Kunden	4.100	750	10.000	4.000	9.000

Tab. 16: Charakteristische Merkmale der untersuchten
          Unternehmungen

Die verschiedenen vorgefundenen Aufbauorganisationen sind im
Anhang (Abb. 57-61) aufgeführt. Exemplarisch für das Untersuchungsfeld 2 zeigt Abb. 31 das vorgefundene Organigramm.
Die bei der Ist-Aufnahme berücksichtigten Abteilungen oder
Gruppen sind entsprechend gekennzeichnet; die jeweilige Anzahl
der befragten Mitarbeiter ist eingetragen (bzgl. des Detaillierungsgrades wurden im Organigramm auf Abteilungs- und Grup-
penebene nur die Elemente aufgeführt, die im Rahmen der hier
behandelten Themenstellung von Bedeutung sind).

Ordnet man die gemäß Tab. 2, S. 30 aufgeführten Aufgaben den
in den Untersuchungsfeldern existierenden Aufbauorganisationselementen zu, ergibt sich das gem. Tab. 17 aufgezeigte Bild,
das die in der Praxis häufig auf sehr unterschiedliche Weise
gelöste Frage der Aufgabeninhalte vorhandener Abteilungen und
damit auch ihrer Informationsverarbeitungsaufgaben deutlich
macht.

8.2 Anwendung des Analyseverfahrens

Zu Beginn der Untersuchung wurden die vorhandenen Unterlagen
über die betrieblichen Abläufe ausgewertet. Hierbei stellte
sich heraus, daß in einer Unternehmung überhaupt keine Stellen-

beschreibungen vorhanden waren. Die Arbeitsplatzbeschreibungen
in den übrigen Untersuchungsfeldern waren durchweg relativ
oberflächlich und undifferenziert. Über den Austausch von Informationen waren kaum Angaben zu finden. Hiermit bestätigte
sich, daß vor allem hinsichtlich des informationellen Ist-Zustandes kaum dokumentiertes Wissen vorlag. Unter Berücksichtigung der gem. Kap. 4.2.1 aufgeführten Abgrenzungskriterien ergab sich, daß für die Analyse des Ist-Zustandes pro Unternehmung 9 bis 15 Abteilungen oder Gruppen und 12 bis 17 Mitarbeiter betrachtet worden sind. Nach Feststellung der Logistik-
Teilaufgaben (ein Beispiel für ein ausgefülltes Formblatt zeigt
Abb. 62, Anhang S. 170) wurde den ausgewählten Stelleninhabern
der Fragebogen zur allgemeinen Bewertung ausgehändigt und anschließend die Interviews zur Feststellung des mitarbeiterbezogenen Informationsflusses geführt. Die Auswertung der von
den 71 befragten Personen bearbeiteten Fragebögen ergab grundsätzlich, daß in allen fünf betrachteten Unternehmungen erhebliche Schwachstellen im Logistik-Informationssystem vorlagen.
Zu den Fragen im einzelnen:

1. Ist die Verantwortung und Kompetenz (Befugnis) der Position
   klar und eindeutig schriftlich niedergelegt worden?

   Die Mehrzahl der Befragten (49 = 69 %) gab an, daß ihnen
   entweder ihre Befugnisse in schriftlicher Form nicht bekannt seien oder daß diese aus der Stellenbeschreibung
   nicht klar hervorgingen.

2. Entspricht die Abgrenzung des Tätigkeitsbereiches gemäß
   der Stellenbeschreibung der täglichen Praxis?

   In einer Unternehmung hatten die Mitarbeiter gar keine
   Kenntnis über die Stellenbeschreibung. Die übrigen Befragten äußerten in der Mehrzahl, daß sie Arbeiten
   durchführen müßten, die laut Stellenbeschreibung nicht
   zu ihren Aufgaben gehörten (z.B. Anfertigen von Absatz-
   statistiken durch die Produktionsplanung, da Verkaufspläne des Vertriebs zu wenig zuverlässig sind).

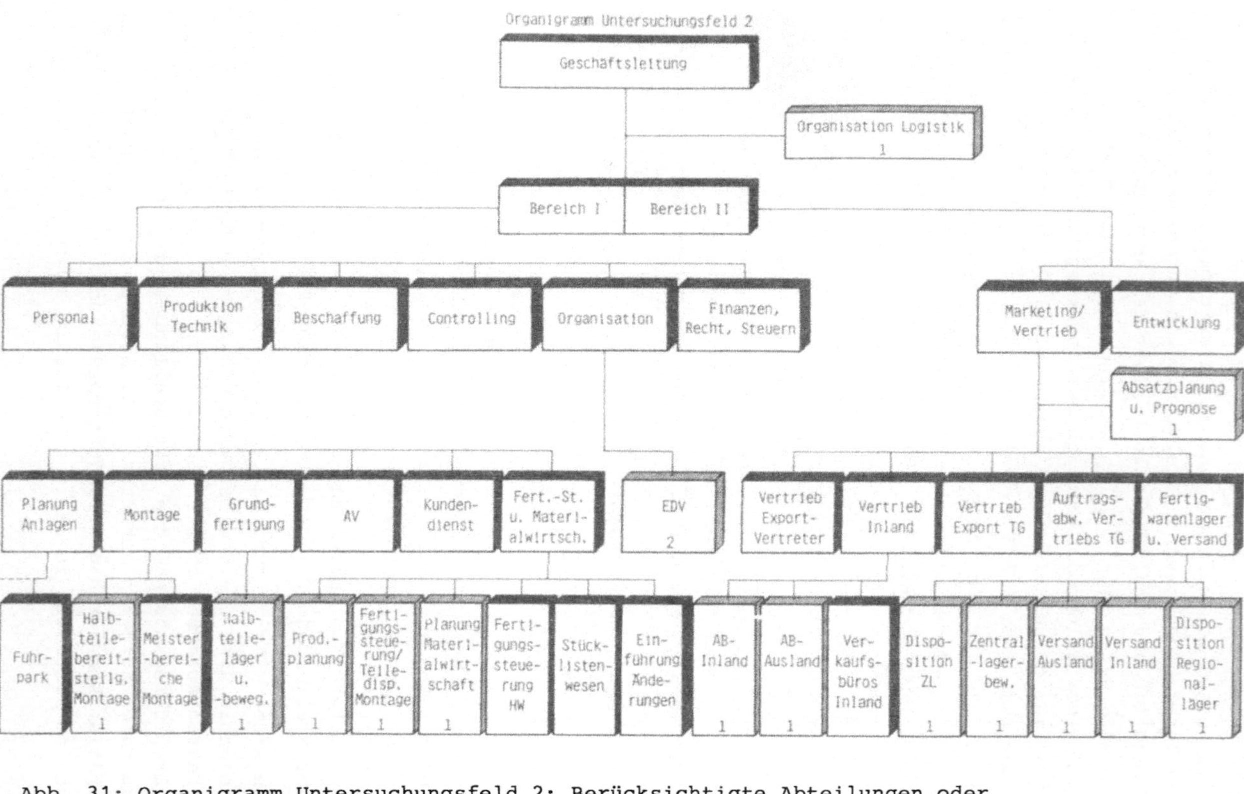

Abb. 31: Organigramm Untersuchungsfeld 2: Berücksichtigte Abteilungen oder Gruppen (/////) und Anzahl befragter Mitarbeiter

3. Welche Aufgaben sollten Ihrer Meinung nach zusätzlich zu
   Ihrem Tätigkeitskatalog gehören; welche Aufgaben sollten
   anderen Abteilungen zugeteilt werden?

   Naturgemäß wurden hier vornehmlich Aufgaben genannt, die
   von anderen Abteilungen wahrgenommen werden sollten (z.B.
   Abteilung Absatzplanung hat Produktausführungen für Export
   festzulegen). Die Antwortquote war hier mit 72 % relativ
   gering.

4. In wieweit ist der Empfang bzw. die Weitergabe von Informationen vorgegeben bzw. festgeschrieben?

   Hier muß differenziert werden nach
           - EDV-Listen
           - schriftlichen Informationen
           - mündlichen bzw. fernmündlichen Informationen.

   Die mündlichen und fernmündlichen Informationen waren hinsichtlich ihrer Verarbeitung und Weitergabe naturgemäß nicht
   festgeschrieben. Bezüglich der schriftlichen Informationen
   gab es in keinem der betrachteten Untersuchungsfelder Vorschriften, die die Weitergabe von Unterlagen vorgaben. Bei
   regelmäßig auftretenden Schriftstücken wurde meist nach
   dem 'gängigen' Verteiler verfahren. In den EDV-Abteilungen
   existieren in allen fünf Betrieben für die regelmäßig zu
   erstellenden Auswertungen Verteilungsvorgaben.

5. Ist die Beschaffung von Informationen generell zu aufwendig
   bzw. zeitraubend?

   Etwa 75 % der Befragten hatten subjektiv den Eindruck,
   daß es bei der Beschaffung der nötigen Informationen keine
   Probleme gäbe. Die übrigen Mitarbeiter bemängelten in
   erster Linie die Tatsache, daß wichtige Informationen sie
   nur zufällig erreichen würden.

6. Welche notwendigen Informationen können nicht beschafft
   werden?

   Die überwiegende Mehrzahl (91 %) war der Meinung, daß -

AUFGABEN	OBJEKTE	Untersuchungsfeld				
		1	2	3	4	5
Bedarfsermittlung und Disposition	Material, Teile u. Baugruppen f. Fertigung	Einkauf, Pack-, Rohstoffe	Fertigungssteuerung Telledisposition Montage	Beschaffungs-planung	Beschaffungs-planung	Einkauf und Produktions-planung
Festlegen und über-wachen von Liefer-mengen u. -terminen	Material, Teile u. Baugruppen f. Fertigung	Einkauf und Logistik	Beschaffung	Beschaffungs-planung	Beschaffungs-planung	Einkauf
Festlegen von Ver-packungs-, Trans-port- u. Versand-vorschriften	Material, Teile u. Baugruppen f. Fertigung	Einkauf, Pack, Rohstoffe	Planung, Materialwirtschaft	Beschaffungs-planung	Beschaffungs-planung	Einkauf
Eingangskontrolle u. Einlagerung	Material, Teile u. Baugruppen f. Fertigung	Innerbetrieblicher Transport	Halbtelleläger u. -bewegungen	Lagerwesen	Produktions-läger	Fertigung
Lagerung	Material, Teile u. Baugruppen f. Fertigung	Logistik	Halbtelleläger u. -bewegungen	Lagerwesen	Produktions-läger	Fertigungs-steuerung
Bestandsüberwa-chung	Material, Teile u. Baugruppen f. Fertigung	Logistik	Halbtelleläger u. -bewegungen	Lagerwesen	Produktions-telleläger	Fertigungs-steuerung u. Einkauf
Innerbetrieblicher Transport u. Be-reitstellung	Material, Teile u. Baugruppen in der Fertigung	Innerbetrieblicher Transport	Halbtellebereit-stellung Montage	Fertigungs-steuerung	Innerbetr. Transp.-planung u. Teile-bereitstellung	Fertigung
Teilefertigung und Montage	Material, Teile u. Baugruppen in der Fertigung	Produktion und Produktionsplanung	Produktion/ Montage	Produktion Werke	Produktion	Fertigung
Zwischenlagerung	Material, Teile u. Baugruppen in der Fertigung	Produktion und Innerbetrieblicher Transport	Halbtelleläger u. -bewegungen	Fertigungs-steuerung	Produktions-läger	Fertigung u. Fertigungs-steuerung
Produktionsplanung	Produktionsmengen u. -termine	Produktionsplanung Koord. Prod. plan.	Produktions-planung	Produktions-planung	Produktions-planung	Produktions-planung
Produktionssteue-rung	Personal, Maschinen	Produktion	Fertigungs-steuerung	Fertigungs-steuerung	Fertigungs-steuerung	Fertigungs-steuerung

Eingangskontrolle u. Einlagerung	Fertigwaren	Logistik	Zentrallager-bewegungen	Zentrallager	Fertigwarenlager	Lagerwesen
Lagerung	Fertigwaren	Logistik	Zentrallager-bewegungen	Zentrallager	Fertigwarenlager	Lagerwesen
Bestandsüberwachung	Fertigwaren	Logistik u. Verw. Verkaufsbüros	Zentrallager-bewegungen	Zentrallager	Fertigwarenlager	Lagerwesen
Disposition bzw. Bestellauslösung z. Wiederauffüllen des Lagers	Fertigwaren	Logistik	Disposition Zentrallager	Produktions-bedarfsplanung	Fertigwarenlager u. Bestandsplanung	Lagerwesen
Kommissionierung	Fertigwaren, Aufträge	Logistik	Zentrallager-bewegungen	Zentrallager	Versand	Versand
Verpackung u. Bereitstellung f. den Versand	Kommissionen	Logistik	Versand In- u. Ausland	Zentrallager	Versand	Versand
Transportplanung	Kommissionen, Transportmittel, Personal	Logistik	Disposition Regionalläger	Traffic	Transportab-wicklung	Transport
Versandabwicklung	Kommissionen, Versandpapiere	Logistik	Versand In- u. Ausland	Traffic	Versand	Versand
Akquisition	Kunden, Aufträge	Vertrieb	Vertr. Inl. u. Exp.	Vertrieb	Verk. Aussendienst	Vertr. In- u. Ausl.
Kaufmännische Auftragsabwicklung	Aufträge, Lieferpapiere, Rechnungen	Auftragsab-wicklung	Auftr.-abwicklung Inland u. Export	Auftragsab-wicklung	Verkauf Innendienst	Auftragsab-wicklung
Absatzplanung u. -prognose	Marktinformationen, Verkaufspläne	Verkaufsplanung	Absatzplanung u. -prognose	Produktionsbe-darfsplanung	Absatzplanung u. Marketing	Vertrieb u. Verkaufsplanung
Bedarfsmeldung bzw. Bestellauslösung an Produktion bzw. Beschaffung	Verkaufspläne, Bestellmengen	Produktionsplanung u. Koordination Produktionsplanung	Absatzplanung u. -prognose u. Disposition Zentrallager	Produktionsbe-darfsplanung u. Handelsware		Verkaufsplanung u. Produktionsplanung

Tab. 17: In den Untersuchungsfeldern vorgefundene Zuordnung
der betrachteten Aufgabe zu den Aufbauorganisationselementen

wenn auch häufig mit zu hohem Aufwand - die erforderlichen
Informationen beschafft werden können. Dahingegen bestehen
jedoch Probleme für die Produktionsplanung und die Disposition, die zu erwartenden Absatzzahlen differenziert genug
zu erhalten, bzw. für die Bestandsüberwachung, den Mate-
rial- bzw. Teile- und Baugruppenfluß in der Fertigung zu
überwachen.

7. Ist die Informationsverarbeitung häufig zu aufwendig?

Die Frage wurde meist mit 'nein' beantwortet. Das liegt
nach den während der Untersuchungen gemachten Erfahrungen
häufig an dem ungenügenden Bewußtsein oder Wissen über die
vor allem technischen Möglichkeiten der Informationsverarbeitung. Im Laufe der weiteren Untersuchungen wurde dann
oft deutlich, daß z.B. Statistiken oder Auswertungen manuell
erstellt werden, was häufig nicht erforderlich ist und dann
mit unnötigem Aufwand verbunden ist.

8. Ist die Aktualität der zur Verfügung stehenden Informationen zufriedenstellend?

Mit der Aktualität der Informationen zeigte sich pauschal
der größte Teil der Befragten zufrieden. Die Betrachtung
der einzelnen Informationen während der Interviews machte
dann allerdings deutlich, daß erst durch das Hinweisen auf
bestimmte Probleme durch den Fragenden dem Mitarbeiter die
dennoch oft mangelhafte Aktualität bewußt wurde (z.B. noch
aktuellere Bestandszahlen als Voraussetzung für eine möglichst gute Disposition).

9. Kommen teilweise dieselben Informationen mehrfach bzw. von
mehreren Seiten?

Neben mehrfach erscheinenden mündlichen Informationen, wurde
vielfach geäußert, daß eine Informationsart (z.B. Bestandszahlen) von zwei Quellen ermittelt (z.B. zwei unabhängige
EDV-Bestandssysteme) und übermittelt wird, mit der Folge,
daß ein zusätzlicher Abgleich erfolgen muß.

10. Kommen überflüssige Informationen, die gar nicht verwertet
    werden (z.B. EDV-Listen)?

    Etwa 32 % der Befragten gab an, daß mindestens eine EDV-
    Liste regelmäßig empfangen würde, die nicht verwertet wird.
    Ähnliches traf auch auf andere schriftliche Informationen
    zu, die entweder von ihrem Inhalt überflüssig sind oder die
    so unübersichtlich, wenig arbeitsgerecht oder umfangreich
    sind (vor allem "dicke Listen"), daß das Heraussuchen der
    vielleicht hilfreichen aber nicht unbedingt notwendigen
    Detailinformation unterbleibt.

11. Sind die schriftlichen bzw. Bildschirminformationen - vor
    allem EDV-Listen und Bildschirmmasken - arbeitsgerecht
    aufgebaut?

    Bzgl. der schriftlichen Unterlagen, siehe 10., hinsicht-
    lich der Bildschirmmasken - soweit vorhanden - wurden
    kaum Mängel aufgezeigt.

12. Wie ist die Zusammenarbeit mit dem EDV-Bereich? Können
    die an ihn herangetragenen Wünsche erfüllt werden?

    Gut die Hälfte der Befragten konnte die Frage nach der
    Zusammenarbeit nicht oder nur indirekt beantworten, da
    sie mit dem meist zentralen EDV-Bereich gar keinen direk-
    ten Kontakt hätten. Im übrigen wurde überwiegend die Mei-
    nung vertreten, daß die EDV-Abteilung zwar bemüht sei, die
    an sie herangetragenen Wünsche und Anregungen zu erfüllen,
    daß dies jedoch aus Kapazitätsgründen häufig nicht möglich
    sei, oder entsprechend hinausgeschoben werden müsse. Hier
    wurde das Problem deutlich, daß auf der Seite der Anwen-
    der der Kenntnisstand über den erforderlichen Realisie-
    rungsaufwand von EDV-Projekten oder auch nur kleinerer Pro-
    grammierarbeiten in der Regel sehr gering ist. Ein Logisti-
    ker mit entsprechenden EDV-Kenntnissen als Koordinator exi-
    stierte nur in einer Unternehmung.

13. Worin sehen Sie die vier gravierendsten Schwachstellen des
    gegenwärtigen Logistik-Informationssystems?

Die von den Befragten als am dringendsten zu beseitigenden
Schwachstellen sind in Tab. 18 aufgeführt.

All. Schwachstellen im Logistik-Informationssystem	Anteil der Schwachstellennennung
1. Fehlende Informationen bei auftretenden Veränderungen	82 %
2. Mangelhafte Aktualität von Informationen	69 %
3. Aufwendiges, aktives Bemühen um Informationen erforderlich	63 %
4. Ungenügender Wahrheitsgehalt von Informationen	51 %

Tab. 18: Die vier gravierendsten Schwachstellen in vorhandenen Informationssystemen nach subjektiver Einschätzung der Befragten (71)

Daß diese Einschätzung subjektiv ist und der Realität nur bedingt Rechnung trägt, machte die Auswertung der mittels Interviews erhobenen Angaben im Rahmen der Input-Output-Analyse
deutlich. Die detaillierte Betrachtung einzelner Informationen
führte bereits während der Befragung häufig dem Befragten vor
Augen, daß Schwachstellen vorliegen, die dem Interviewten vor-
her gar nicht bewußt waren. Erst durch Anregungen seitens des
Fragenden wurden oft Impulse gegeben, die den Befragten veran-
laßten, die Problematik tiefer zu durchdringen, wovon naturgemäß die Güte der Ist-Erfassung profitierte. Somit hat der Systemanalytiker bereits vor Beginn der Input-Output-Analyse die
Möglichkeit, besondere firmen- bzw. mitarbeiterspezifische Pro-
blemkreise im weiteren zu berücksichtigen.

Im übrigen untermauert das Befragungsergebnis die Vermutung,
daß hinsichtlich des Informationsaustausches in der Praxis
von den Beteiligten ein hoher Grad an Unzufriedenheit empfun-
den wird.

Bei den anschließend durchgeführten Input-Output-Analysen in
den fünf ausgesuchten Untersuchungsfeldern wurden je Unterneh-

mung zwischen 185 und 297 Informationen festgehalten (vgl. Tab.
19).

Merkmal \ Untersuchungsfeld	1	2	3	4	5
Anzahl untersuchter Abteilungen	12	15	10	13	9
Anzahl befragter Mitarbeiter	15	17	13	14	12
Anzahl berücksichtigter Informationen	226	252	297	185	208

Tab. 19: Untersuchungsumfang bei der Erfassung des Ist-Zustandes

Im Rahmen dieser Ist-Aufnahme hat sich gezeigt, daß das ursprünglich vorgesehene Ausfüllen der Tabelle durch den zu betrachtenden Stelleninhaber selbst aus folgenden Gründen nicht praktika-
bel war:

1. Die beim Ausfüllen realisierte Sorgfalt ließ häufig
   zu wünschen übrig.

2. Wichtige Informationen wurden "vergessen".

3. Die Fragen nach den Informationseigenschaften wurden
   oft falsch verstanden oder interpretiert.

4. Der Abgabetermin des ausgefüllten Formulars wurde
   häufig nicht eingehalten.

Hinsichtlich der Angaben in der Spalte "Verarbeitungsdauer"
mußte im Rahmen der durchgeführten Untersuchungen aus Zeit-
gründen und wegen des für die Unternehmungen erheblichen Aufwandes auf Selbstaufschreibung oder Multimomentaufnahme verzichtet werden, so daß auf die Angaben der Befragten zurückgegriffen werden mußte. Bei während des Tages immer wiederkeh-
renden Tätigkeiten (z.B. Auftragsbearbeitung) wurde die Be-
arbeitungsdauer durch eine prozentuale Zeitangabe bezogen auf
die Gesamtarbeitszeit angegeben. Es muß jedoch darauf hingewiesen werden, daß für eine fundierte Analyse diese Angaben
nicht ausreichen.

Beim Ausfüllen dieser Erfassungsformulare hat sich weiterhin
gezeigt, daß die erhobenen "Teilaufgaben des Stelleninhabers"
meist noch einmal ergänzt oder umformuliert werden mußten, da
sich ein Bezug zu einer Teilaufgabe ("Aufgaben-Nr.") - Verwertung der Information - nicht immer herstellen ließ.

Die sich daran anschließende Aufbereitung des erfaßten Daten-
materials verursachte einen erheblichen Aufwand, da nach Erstellung des Informationssystemüberblickes gem. der beschriebenen Darstellungstechniken nach Überprüfung der Richtigkeit
und Plausibilität (vgl. Kap. 4.3.2) sich eine Vielzahl von
Unstimmigkeiten zeigten. Somit waren pro befragten Mitarbeiter
bis zu vier Interviews notwendig, um ein in sich geschlossenes
und die Realität wiederspiegelndes Abbild des vorhandenen Informationsaustausches herzustellen. Dabei wurde jedoch auch
deutlich, daß mit zunehmender Routine seitens des Befragenden
der Aufwand bei der Ist-Erfassung abnahm, da bereits während
der Interviews der Interviewende immer mehr in der Lage war,
unmittelbar Unstimmigkeiten zu erkennen oder zu vermuten, die
dann sofort geklärt werden konnten.

In diesem Zusammenhang ist hervorzuheben, daß die Plausibilitätsprüfungen, die mit Hilfe des in Kap. 7 beschriebenen Programmsystems durchgeführt worden sind, den Aufwand erheblich
reduziert haben. Als Ergebnis dieser Aufbereitungen und Prüfungen zeigen die im Anhang aufgeführten Abbildungen 63 bis
68 Beispiele für alle in Kap. 4.3.1.1 bis Kap. 4.3.1.3 beschriebenen Darstellungstechniken. Hierbei ist jeweils eine manuell
und eine maschinell erstellte Darstellung aufgeführt.

Die nach der Erfassung des Logistik-Informationssystem-Ist-Zu-
standes durchzuführende Schwachstellenanalyse wurde exemplarisch im Untersuchungsfeld 2 vorgenommen, um das in Kap. 4.4
beschriebene Vorgehen auf seine Praktikabilität hin überprüfen
zu können. Dazu wurde der Bedarf an Informationen einschließlich der die Information beschreibenden Eigenschaften ausgehend
vom Ist-Zustand ermittelt, wobei das entscheidende Hilfsmittel
die Input-Output-Darstellungen des Informationssystems war.

Bei der Ermittlung des Systemelement-bezogenen Informationsbedarfs war der der im Anhang (Abb. 34-51) aufgeführte Katalog
an Standardteilaufgaben sehr hilfreich, da hierdurch auf Funktionen hingewiesen wurde, die in der Unternehmung offenbar als
nicht erforderlich angesehen worden waren. Hier sollen im folgenden nur einige Beispiele angeführt werden:

● Nicht vorkommende Abrufe aus Rahmenaufträgen - die Möglichkeit, durch Abrufe die Wiederbeschaffungszeit und die Höhe
  der Bestände an Rohstoffen zu verringern, wurde bis zum
  Zeitpunkt der Untersuchung nicht genutzt.

● Der Wareneingang wurde nicht grundsätzlich vom Einkauf über
  zu erwartende Anlieferungen informiert - Kapazitätsengpässe
  und Leerzeiten bei der Entladung und Wareneingangskontrolle
  waren die Folge.

● Fehlende Überwachung der Auslaufartikel im Fertigwarenlager
  - die rechtzeitige Bestandsreduzierung durch Berücksichtigung von auslaufenden Artikeln bei der Disposition fand nur
  in Ausnahmefällen statt.

Der zusätzliche Informationsbedarf, der sich durch die Aus-
weitung des Aufgabenspektrums daraus ergibt, war dann
durch logische Herleitung zu ermitteln.

Durch die im weiteren vorgenommene Festlegung der benötigten
Informationen hinsichtlich ihrer Eigenschaften wie Detaillierungsgrad, Regelmäßigkeit, Häufigkeit, Terminierung usw. aufgrund der jeweiligen Teilaufgabe, für die die entsprechende
Information benötigt wird, wurde der systematisch ermittelte
Informationsbedarf bezogen auf das betrachtete Systemelement
gemäß der Darstellung des Ist-Zustandes aufgezeigt. Die Abweichungen zwischen dem Angebot im Ist-Zustand und dem zukünftigen Bedarf ließen sich somit durch die Gegenüberstellung einfach erkennen.

Faßt man die im einzelnen vorgefundenen Abweichungen zwischen
Soll- und Ist-Zustand zusammen, haben sich die folgenden vier
Schwachstellengruppen ergeben:

1. Mangel an Informationen
2. Mangelhafte Qualität der Informationen
3. Hoher Informationsverarbeitungsaufwand
4. Nicht erfolgende Verwertung von Informationen.

Diese Schwachstellengruppen lassen sich weiter in folgende Schwachstellenarten unterteilen:

Zu 1.:

- Wichtige, regelmäßig auftretende Informationen erhält der Mitarbeiter grundsätzlich nicht (z.B. Verkaufspläne für Fertigwarenlagerdisponenten).

- Wichtige, unregelmäßig auftretende Informationen, die vom Mitarbeiter nicht unbedingt erwartet werden, werden diesem nicht zugeleitet (z.B. Marketingaktionsmeldung an die Produktionsplanung).

- Regelmäßig zu verarbeitende Informationen kommen zu selten (z.B. monatliche Bestandszahlen zur wöchentlichen Produktionsplanerstellung).

- Die Beschaffung von Informationen ist mühselig (z.B. Arbeitsfortschritt eines Auftrages in der Fertigung).

- Die Beschaffung wichtiger Informationen ist gar nicht möglich (Information wird u.U. gar nicht erfaßt, z.B. Bestandsverfolgung in der Fertigung).

- Die Notwendigkeit relevanter Informationen wird nicht erkannt (z.B. zur verursachungsgerechten Kostenzuweisung in der Logistik: Kundenbezogene Distributionskostenerfassung und -verwertung).

Zu 2.:

- Ungenügender Wahrheitsgehalt von Informationen (z.B. Bestandszahlen stimmen nicht mit tatsächlichen Beständen überein).

- Informationen sind unvollständig (z.B. bei Wareneingängen fehlende Angaben auf Lieferscheinen).

- Der Informationsinhalt ist zu wenig (z.B. Prognosezahlen nur auf Artikelgruppen- und nicht auf Artikelebene) oder zu stark differenziert (z.B. Absatzzahlen auf Tages- statt auf Wochenbasis).

- Die Aktualität von Informationen ist ungenügend (z.B. Bestandszahlen des Regionallagers für die zentrale Disposition).
- Bestimmte Informationen kommen hinsichtlich des zweckmäßigen Verarbeitungszeitpunktes zu spät oder zu früh (z.B. Zeitpunkt der Prognoseerstellung korrespondiert nicht mit dem Erstellungszeitpunkt der Verkaufspläne).
- Schriftliche Informationen oder Bildschirmmasken sind nicht zweckmäßig aufgebaut - zu hoher Aufwand bei der Erfassung (werden teilweise deshalb nicht verwendet und verwertet).

Zu 3.:
- Hoher Aufwand bei der Informationserstellung bzw. -verarbeitung (z.B. Durchsuchen von umfangreichen EDV-Listen nach bestimmten Kriterien, z.B. bei Bestandslisten: Suchen nach Mindestbestandsunterschreitung zur Disposition).
- Aufwendige EDV-Eingabe (z.B. Ausfüllen von Eingabeformularen mit Weitergabe der Formulare zur anderweitigen Datenerfassung).
- Fehlende Ausnutzung von vorhandenen technischen Hilfsmitteln (z.B. vorhandene Bildschirme dienen als reine Datenerfassungs- bzw. Eingabegeräte - Antworten bzw. Informationsabrufe sind, obwohl vorgesehen, nicht möglich).

Zu 4.:
- Vorhandene Informationen werden gar nicht verwertet (z.B. durch Abteilung Auftragsabwicklung weitergegebene Trends werden von der Absatzplanung nicht berücksichtigt).
- Der Mitarbeiter erhält Informationen, die er gar nicht benötigt (z.B. Versandkostenlisten für Fertigwarenlagerdisponenten).
- Dieselben Informationen kommen von mehreren Seiten (z.B. Produktionsplan von Produktionsplaner und Produktionsplanungsleitung).
- Schriftliche Informationen weisen inhaltliche Überschneidungen auf (z.B. EDV-Listen mit Inhalt, der auch aus Bildschirm hervorgeht).
- Regelmäßig zu verarbeitende Informationen kommen zu häufig (z.B. tägliche Bestandszahlen zur monatlichen Produktionsplanerstellung).

Hinsichtlich der Informationssystemelement-übergreifenden Analyse hat die systematische Berücksichtigung der gemäß Abb. 24 (S. 91) aufgeführten Fragestellungen gezeigt, daß hiermit weitgehend alle Probleme aufgedeckt werden können. Hierbei hat sich vor allem die Zweckmäßigkeit der in Kap. 4.3.1.1 bis Kap. 4.3.1.3 vorgestellten Input-Output-Darstellung des Informationssystems bestätigt. Dabei kam in erster Linie die aufgabenbezogene Darstellung zur Anwendung, da hier der Detaillierungsgrad bei Betrachtung einzelner Informationen groß genug ist und die Verfolgung von Informationen über mehrere Systemelemente hinweg im Gegensatz zur Systemelementbezogenen Analyse Schwachstellen besonders im Hinblick auf die Aktualität aufwiesen, in ihrem "Werdegang" (Generierung, Übermittlung, Verarbeitung, Verdichtung usw.) verfolgt wurden, woraus sich im wesentlichen zwei Schwachstellengruppen ergaben:

1. Lange Informationswege
2. Hoher Informationsverarbeitungsaufwand.

Diese Schwachstellengruppen lassen sich weiter in folgende Schwachstellenarten unterteilen:

<u>Zu 1.:</u>
- Die Informationsübermittlung ist aufwendig, da sie unnötigerweise (teilweise ohne Verwertung der Information) über mehrere Systemelemente zum Empfänger gelangt.
- Die Aktualität der Information leidet unter der Übermittlung über mehrere Systemelemente.
- Die Informationsübermittlung über mehrere Systemelemente führt bei mündlicher oder fernmündlicher Übermittlung häufig zu Verfälschungen des Inhalts.
- Unzweckmäßige Aufgabenzuordnungen führen zu umständlichen Informationswegen (z.B. Prüfung der Wareneingangsbelege in der Beschaffungsabteilung statt im Wareneingang, also vor Ort).
- Umständliche Zusammenführung von Informationen einer Informationsgruppe, die von mehreren Abteilungen beschafft werden müssen (z.B. Bestände einzelner Läger zur Gesamtbestandsermittlung).

- Ähnliche Informationen werden zweimal zwischen zwei
  Abteilungen ausgetauscht, wobei sie lediglich durch
  geringfügige Zusatzvermerke verändert werden.

<u>Zu 2.:</u>

- Ähnliche Informationen werden in verschiedenen Abteilungen mehrfach erstellt bzw. verarbeitet (z.B. Über-
  sichten über Absatzzahlen in Prognoseabteilung und Pro-
  duktionsplanungsabteilung).
- Informationen werden unnötig geprüft (z.B. Liefer-
  papiere).
- Die Informationsverarbeitung in mehreren Stufen mit mehr-
  maliger EDV-Ein- und Ausgabe führt zu erhöhtem Aufwand
  (z.B. bei Fertigwarenabgängen vom Lagerausgang über Kommissionierung, Transportplanung und Versand).
- Inkompatibilität von Rechenanlagen führt zu erhöhtem
  Aufwand durch zusätzliche Ein- und Ausgaben.
- Es existieren redundante EDV-Systemkreise (z.B. zwei
  Bestandssysteme für dieselben Bestände, so daß ein zusätzlicher Abgleich erfolgen muß).
- Ähnliche Aufgaben sind auf verschiedene Abteilungen
  aufgeteilt, die dieselben Informationen benötigen (z.B.
  Disposition von Fertigungsaufträgen in Abteilungen, die
  nach Kundengruppen aufgeteilt sind und dadurch nicht
  koordiniert disponieren können).
- Es existieren Informationen, deren Vorhandensein allgemein oder für den "Informationsnachfrager" bisher nicht
  bekannt war (z.B. anderweitig vorhandene EDV-Listen).

Bei der anschließend durchgeführten Grobprojektierung wurden
für das Untersuchungsfeld 2 gemäß Kap. 5 die in den betreffenden Abteilungen zu bearbeitenden Aufgaben sowie die dafür zu
verarbeitenden und zu verwertenden Informationen einschließlich ihrer Eigenschaften bestimmt. Dabei hat sich gezeigt,
daß es im ersten Arbeitsschritt zweckmäßig ist, entsprechend
der Gesamtsystem-bezogenen Darstellungsart einen Grobentwurf
des zukünftigen Logistik-Informationssystems zu entwerfen,
aus dem bereits die wichtigsten Logistik-Aufgaben, ihre Zu-

ordnung zu Abteilungen sowie die wichtigsten Informationen
hervorgehen. Anschließend wurde durch Verwendung der differen-
zierter aufgebauten Darstellungsarten das System durch die
schrittweise Festlegung der das System beschreibenden Parameter gem. Abb. 26 (S. 95) bestimmt, wobei sich zeigte, daß
die einzelnen Arbeitsschritte nur selten rekursiv zu durchlaufen waren.

Hinsichtlich der Ermittlung der Informationsverarbeitungskosten konnte die Praktikabilität des in Kap. 5.5.1 vorgeschla-
genen Verfahrens noch nicht nachgewiesen werden, da das Datenmaterial für die je Teilfunktion aufzubringenden Zeitanteile
nicht ermittelt werden konnte (durch Selbstaufschreibung oder
Multimomentaufnahme).

9. Zusammenfassung

Bedingt durch den interdisziplinären Charakter der modernen
Logistik sind die für die damit zusammenhängenden Aufgaben
notwendigen Planungs- und Steuerungssysteme von besonderer
Bedeutung. Dies ist vor allem darin begründet, daß der Logistik in einer Fertigungsunternehmung die Aufgabe zufällt,
einen Ausgleich zwischen einer Reihe von Zielkonflikten wie
z.B. zwischen den Bereichen Vertrieb, Produktion, Lagerwesen
und Einkauf zu ermöglichen, was wiederum einen reibungslosen
bzw. effektiven Informationsaustausch zwischen den Logistik-
relevanten Bereichen im Sinne einer ganzheitlichen Betrachtungsweise voraussetzt.

Gerade aber in der mittelständischen Industrie wird diesem
Aspekt zu wenig Rechnung getragen (vgl. GROCHLA u.a. 1983,
S. 18 und 123 ff.), da einerseits das Problembewußtsein hierfür nicht hinreichend ausgeprägt ist, und andererseits Handlungsanleitungen für die Planung entsprechender Logistik-Informationssysteme fehlen.

Die Zielsetzung des hier beschriebenen Projekts lag daher darin,
ein entsprechend systematisch und auch für den nicht geübten

Anwender praktikables Vorgehen zur Analyse und Grobprojektierung von Logistik-Informationssystemen zu entwickeln, wobei nach einer hier unbedingt erforderlichen Auseinandersetzung mit den Begriffen der Information und Kommunikation eine Definition und Abgrenzung der Logistik erfolgte. Dabei wurde die prinzipiell irrelevante Frage, welche betrieblichen Funktionen bzw. Bereiche der Logistik zugerechnet werden müssen, nicht beantwortet, sondern es wurde die gegenseitige Abhängigkeit der verschiedenen betrieblichen Bereiche in Bezug auf die mit der Definition der Logistik verbundene Logistik-Zielsetzung aufgezeigt, woraus sich die sogenannten "Logistik-relevanten" Aufgaben ergaben. Hierbei werden insbesondere die Probleme und die sich daraus ergebenden Unternehmungsfunktionen berücksichtigt, die in Betrieben auftreten, die zur Gruppe der lagerorientierten Mehrproduktfertiger zu zählen sind. Außerdem wurde insofern eine Einschränkung vorgenommen, als alle Funktionen, die aus Veränderungen der Produktpalette, der Kapazität bzw. mittel- und langfristiger Strategieänderungen resultieren, nicht berücksichtigt wurden. Um eine in diesem Zusammenhang geforderte Praxisnähe zu gewährleisten, wurden nach Voruntersuchungen in 21 Unternehmungen im weiteren in fünf ausgewählten Untersuchungsfeldern, die der im vorigen aufgeführten Abgrenzung gerecht werden, die Informationsflüsse festgestellt und analysiert. Das daraufhin entwickelte Planungsverfahren behandelt in Anlehnung an die Systemplanung die Phasen bzw. Stufen

- Systemanalyse,
- Systementwicklung (Grobprojektierung) sowie
- Systempflege.

Die Feinprojektierung (Systementwicklung) als auch die Systemeinführung waren nicht Gegenstand des hier beschriebenen Projekts.

Im einzelnen wurden die gem. Abb. 32 aufgeführten Arbeitsschritte entwickelt. Nach der Festlegung der zu berücksichtigenden betrieblichen Aufgaben, Abteilungen und Mitarbeiter werden die vorhandenen Unterlagen wie Stellenbeschreibungen und Arbeitsabläufe ausgewertet. Die zweckmäßige Vorgehensweise hierfür

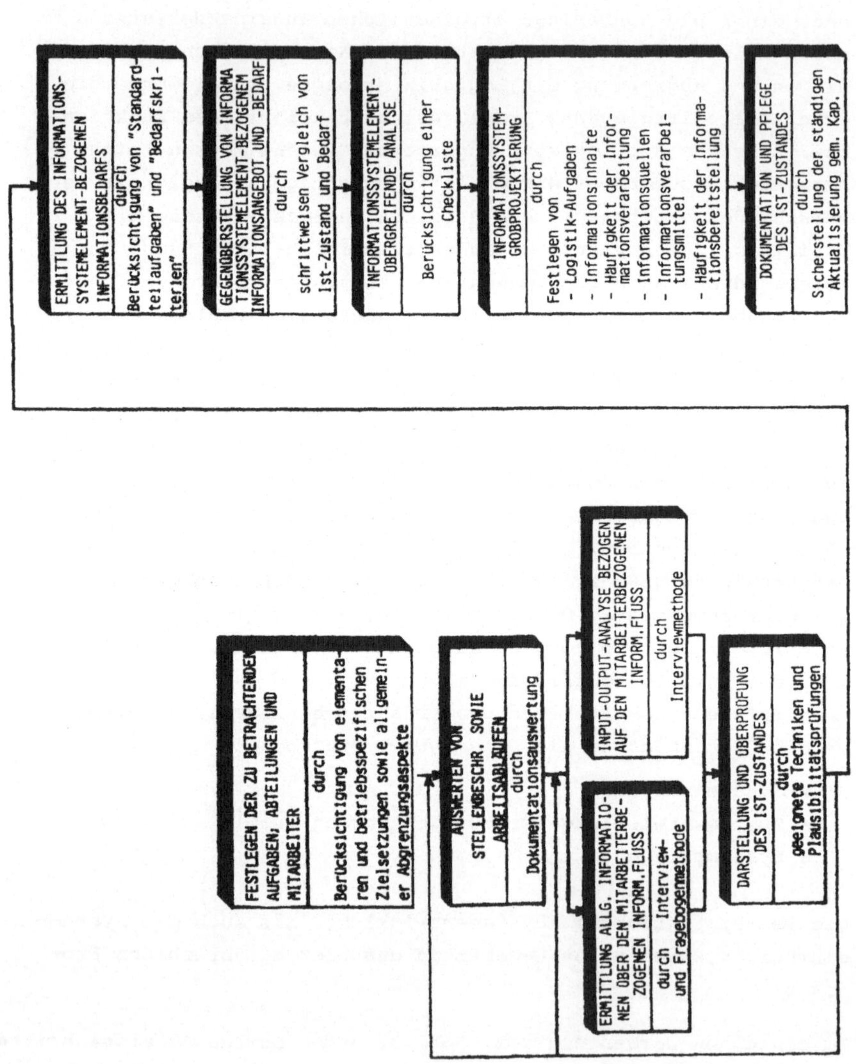

Abb. 32: Vorgehen bei der Analyse und Grobprojektierung von Logistik-Informationssystemen

wurde ausführlich beschrieben, woraufhin nach Auswahl der geeigneten Erhebungstechnik (Interview- und Fragebogenmethode) die
Erfassung des Informationsflusses sowie die damit verbundenen
Informationsverarbeitungsvorgänge in Bezug auf den Ist-Zustand
erläutert wurden.

Weiterhin wurde eingehend das Problem behandelt, wie der erho-
bene Ist-Zustand übersichtlich und detailliert dargestellt
werden kann und wie überprüft wird, ob die erhobenen informationellen Zusammenhänge hinsichtlich Richtigkeit und Plausibilität die Realität hinreichend abbilden.

Die darauffolgenden Arbeitsschritte haben das Erkennen von
Schwachstellen sowie die Erarbeitung vorläufiger Projektie-
rungsvorgaben zum Ziel, wobei eine Gegenüberstellung von Informationsangebot und -bedarf vorgenommen wird.

Der wichtigste Arbeitsschritt umfaßt die Informationssystem-
Grobprojektierung, wobei die gem. Abb. 32 aufgeführten, das
Informationssystem beschreibenden, Kriterien vorgegeben werden.
Hierbei wurde der Festlegung der Informationsverarbeitungsmittel sowie der damit eng verbundenen Informationsträger eine
besondere Bedeutung zugemessen. Dafür wurde eine Möglichkeit
zur Abschätzung des Kosten-/Nutzeneffektes aufgezeigt, wobei
auf die bei der Anwendung in der Praxis möglicherweise auftretenden Probleme hingewiesen wurde. Hiermit sind insbesondere
Schwierigkeiten bei der Ermittlung und verursachungsgerechten
Zuweisung der EDV-Kosten zu erwähnen, wozu zusätzlich das Problem der Nichtquantifizierung von Sekundärnutzenkomponenten
kommt.

Schließlich wurde verdeutlicht, daß die permanente Dokumentation und Pflege eines einmal erhobenen Informationssystems von
größter Bedeutung ist; außerdem wurden Hinweise gegeben, wie
dies zweckmäßigerweise zu erfolgen hat. Dazu wurde ein Programmsystem entwickelt und beschrieben, das diese Dokumentation und
Aktualisierung des Informationssystem-Ist-Zustandes DV-gestützt
erleichtert und verdeutlicht, wie außerdem hiermit eine Hilfe-

stellung bei der Analyse und Projektierung von Informationssystemen gegeben wird.

Im letzten Teil dieser Arbeit wurde verdeutlicht, daß die entwickelten Planungsschritte ihre Praktikabilität durch die praktische Anwendung unter Beweis gestellt haben, mit der Einschränkung, daß das Verfahren der Grobprojektierung nicht angewandt werden konnte, da dies den Rahmen dieses Projektes gesprengt hätte. Dennoch konnte deutlich gemacht werden, daß durch die systematische und konsequente Anwendung des beschriebenen Planungsverfahrens ein bemerkenswert großes Potential an Verbesserungsmöglichkeiten im Bereich betrieblicher Logistik-Informationssysteme genutzt werden kann, was den Aufwand für die dafür erforderlichen Arbeitsschritte unbedingt rechtfertigt.

Andererseits muß darauf hingewiesen werden, daß das vorgestellte Verfahren prinzipiell auch für die Planung anderer, Nicht-Logistik-Informationssysteme angewandt werden kann. Hierbei ändern sich durch eine andere Abgrenzung des Untersuchungsbereiches lediglich die betrachteten betrieblichen Funktionen und Informationen.

10. <u>Literaturverzeichnis</u>

Autorenkollektiv: ZVEI - Leitfaden Logistik.
ZVEI - Schriftenreihe-Arbeitskreis
Logistik im Verkehrsausschuß des Zen-
tralverbandes der Elektrotechnischen
Industrie e.V.
Frankfurt (Main) 1982.

Baumgarten, H.:   Rationelle Vorratshaltung.
Betriebswirtschaftliche Aspekte.
Berlin - Köln 1975.

Beling, G.,
Wersig, G.:   Zur Typologie von Daten und Infor-
mationssystemen.
Pullach 1972.

Bichler, K.:   Beschaffungs- und Lagerwirtschaft.
Wiesbaden 1981.

Bössmann, E.:   Die ökonomische Analyse von Kommu-
nikationsbeziehungen in Organisationen.
Berlin 1967.

Bowersox, D.J.:   Logistical Management.
New York, London 1974.

Brönimann, C.:   Aufbau und Beurteilung des Kommuni-
kationssystems von Unternehmungen.
Stuttgart - Bern 1970.

Cherry, C.:   Kommunikationsforschung - eine neue
Wissenschaft.
Frankfurt 1963.

Coenenberg, A.G.:   Die Kommunikation in der Unternehmung.
Wiesbaden 1966.

Cube, F. von: Kybernetische Grundlagen des Lernens
und Lehrens.
Stuttgart 1965.

Daenzer, W.F.:   Systems Engineering.
Zürich 1976/77.

Deutsches Institut
für Normung e.V.:   Informationsverarbeitung 1.
Berlin - Köln 1978.

Dworatschek, S.:   Management-Informations-Systeme.
In: Schriftenreihe 'Informations-
systeme'.
Berlin 1971.

Dworatschek, S.:   Wirtschaftlichkeitsanalyse von
Informationssystemen.
Berlin, New York 1972.

Falter, M.:   Entwicklung einer Methode zur Bestim-
                            mung einer wirtschaftlichen Auftrags-
                            abwicklung in der Fertigwarenverteilung.
                            Forschungsbericht zum AIF-Auftrag 4306.
                            Aachen 1980.

Feierabend, R.:   Probleme und Orientierungsansätze
                            interorganisatorischer logistischer
                            Schnittstellen.
                            In: RKW-Handbuch Logistik 1981,
                            Kennzahl 1420.

Flechtner, H.-J.:   Grundbegriffe der Kybernetik.
                            Stuttgart 1969.

Grochla, E.,   Erfolgsorientierte Materialwirtschaft
Fieten, R.,   durch Kennzahlen.
Puhlmann, M.,   Baden-Baden 1983.
Vahle, M.:

Grochla, E.,   Modellgestützte Systemgestaltung.
Poths, W.:   Köln 1977.

Hackstein, R.:   Produktionsplanung und -steuerung.
                            Düsseldorf 1984.

Hartmann, H.:   Materialwirtschaft.
                            Gernsbach 1978.

Heilmann, W.:   Praxisbeispiel zur computerunterstütz-
                            ten Bürorationalisierung. Vortrag zur
                            Fachtagung Rationalisierung 74, 4. Ar-
                            beitstagung des IPA.
                            Stuttgart 1974.

Hildebrandt, F.:   Arbeits- und Systemingenieurwesen.
                            In: Zeitschrift für Arbeitswissen-
                            schaft, Köln 33 (5. NF) (1979)3,
                            S. 146 - 151.

Heinrich, L.J.,   Mittlere Datentechnik 2. Systemplanung
Krieger, R.:   und Anwendung benutzerorientierter
                            Computer.
                            Köln - Braunsfeld 1974.

Henssler, R.:   Ein Netzwerk der Information.
                            In: Blick durch die Wirtschaft,
                            Nr. 118 vom 23.06.83.
                            Frankfurt 1983.

Hilke, W.:   Zielorientierte Produktions- und
                            Programmplanung.
                            Neuwied 1978.

Johnson, J.C.,
Wood, D.F.:
Contemporary Physical Distribution
and Logistics.
Tulsa, Oklahoma 1982.

Johnson, R.A.,
Kast, F.E.,
Rosenzweig, J.E.:
The Theory on Management of Systems.
New York, San Francisco, Toronto,
London 1963, S. 136.

Jünemann, R.:
Schwachstellen im Lager- und Trans-
portbereich und Möglichkeiten zu ihrer
Beseitigung.
In: Fachtagung Rationalisierung,
Stuttgart, Düsseldorf 1974, S. 1 - 19.

Kargl, H.:
Entwicklungen in der Organisations-
struktur industrieller Unternehmungen.
München 1971.

Kast, F.E.,
Rosenzweig, J.E.:
Systems concepts: pervasiveness and
potential.
In: Management International.
4/5 (1967), S. 87 - 96.

Kirsch, W.,
Bamberger, I.,
Gabele, E.,
Klein, H.K.:
Betriebswirtschaftliche Logistik.
Wiesbaden 1973.

Knipp-Rentrop, K.:
Computergestützte Beurteilung betrieb-
licher Informationsflüsse.
München Diss. 1975.

Konen, W.,
Kunz, D.,
Rollmann, M.:
Analyse und Reorganisation von Distri-
butionssystemen.
In: RKW-Handbuch Logistik, Loseblatt-
sammlung 4. Lfg.: V/82.
Berlin 1982.

Kosiol, E.:
Die Unternehmung als wirtschaft-
liches Aktionszentrum. Einführung
in die Betriebswirtschaftslehre.
Reinbeck bei Hamburg 1966, rowohlts
deutsche enzyklopädie 256/7.

Kramer, R.:
Information und Kommunikation.
Betriebswirtschaftliche Bedeutung
und Einordnung in die Organisation
der Unternehmung.
Berlin 1965.

Lahde, H.:
Neues Handbuch der Lagerorganisation
und Lagertechnik.
München 1967.

Lewandowski, R.:
Prognosen im Marketing-Management.
Berlin, Köln 1980.

Lutz, Th.,   Management Informations Systems.
Beutler, H.:   In: IBM-Nachrichten
                              18(1968)191, S. 368 ff..

Makridakis, S.,   The handbook of Forecasting -
Wheelwright, S.C.:   A Managers Guide.
                              New York 1982.

Mayntz, R.:   Soziologie der Organisation.
                              rowohlts deutsche enzyklopädie 166.
                              Reinbeck 1963.

Meffert, H.:   Informationssysteme. Grundbegriffe
                              der EDV und Systemanalyse.
                              Düsseldorf 1975.

Meffert, H.:   Marketing, Einführung in die Absatz-
                              politik. Wiesbaden 1977.

Meyer-Uhlenried, K.-H.:   Der Entwurf von Informationssystemen.
                              München - Pullach 1973.

Müller-Merbach, H.:   Operations Research.
                              München 1973.

Nürck, R.:   Informationsverarbeitung in der
                              Wirtschaft.
                              In: Zeitschrift für Betriebswirtschaft.
                              1(1963), S. 1 - 16.

Österle, H.:   Entwurf betrieblicher Informations-
                              systeme.
                              München - Wien 1981.

o.V.:   Duden - Fremdwörterbuch.
                              Mannheim, Wien, Zürich 1982.

o.V.:   Transportkette 24, Marketing-Logistik.
                              Schriftenreihe der Studiengesellschaft
                              für den kombinierten Verkehr e.V.
                              Frankfurt 1978.

Petermann, E.,   Ermittlung wirtschaftlicher
Reinecke, P.:   Zwischenlagerstrukturen.
                              In: VDI-Z, Düsseldorf 124(1982)5,
                              S. 177 - 182.

Pfohl, H.-C.:   Aufbauorganisation der betriebs-
                       wirtschaftlichen Logistik.
                       In: Zeitschrift für Betriebswirt-
                       schaft 11-12 (1980), S. 1201 - 1227.

Pfohl, H.-C.:   Marketing-Logistik.
                       Mainz 1972.

Reinecke, P.:   Entwicklung und Erprobung eines Ana-
                       lyseinstrumentariums zur Bestimmung
                       wirtschaftlicher Auftragsabwicklungs-
                       verfahren in der Warenverteilung.
                       Aachen TH Diss. 1983.

Reisig, W.:   Petri-Netze.
                       Berlin, Heidelberg, New York 1982.

Reschke, H.:   Beschaffungsmarketing und Material-
                       wirtschaft. Stuttgart 1978.

Rieper, B.:   Entscheidungsmodelle zur integrierten
                       Absatz- und Produktionsprogrammplanung
                       für ein Mehrprodukt-Unternehmen.
                       Wiesbaden 1973.

Rosenstengel, B.,   Petri-Netze.
Winand, U.:   Braunschweig, Wiesbaden 1983.

Saracevic, T.:   Ten Years of Relevance Experimentation
                       - a Summary and Synthesis of Conclusion.
                       In: Proceedings of the American Infor-
                       mation Society, Vol. 7, 1970.

Schäfer, H.:   Logistik im technischen und wirt-
                       schaftlichen Umfeld.
                       In: VDI-Berichte 501, 1983, S. 113 - 121.

Schirmer, A.:   Dynamische Produktionsplanung bei
                       Serienfertigung.
                       Wiesbaden 1980.

Schweiker, K.F.:   Grundlagen einer Theorie betrieblicher
                       Datenverarbeitung.
                       Wiesbaden 1966.

Shannon, C.E.,   Mathematische Grundlagen der Infor-
Weaver, W.:   mationstheorie.
                       München 1976.

Sommer, W.:   Handbuch für System-Organisation.
                       Berlin - New York 1971.

Splettstößer, D.:   Grobprojektierung von Informations-
                         systemen.
                         Würzburg, Wien 1977.

Steinbuch, P.A.:   Organisation.
                         Ludwigshafen 1977.

Tempelmeier, H.:   Quantitative Marketing-Logistik.
                         Berlin, Heidelberg, New York,
                         Tokio 1983.

Ulrich, H.:   Die Unternehmung als produktives
                         soziales System.
                         Bern 1968.

Warnecke, H.J.:   Neue Arbeitsstrukturen und Material-
                         fluß. In: wt-Zeitschrift für industrielle
                         Fertigung 67(1977)1, S. 1 - 8.

Wegner, G.:   Systemanalyse.
                         In: Handwörterbuch der Organisation,
                         S. 1610 ff..
                         Stuttgart 1969.

Winkler, H.:   Warenverteilungsplanung.
                         Wiesbaden 1977.

Wöhe, G.:   Einführung in die Allgemeine
                         Betriebswirtschaftslehre.
                         München 1976.

Zwicker, E.:   Simulation und Analyse dynamischer
                         Systeme.
                         Berlin, New York 1981.

Zuse, K.:   Petri-Netze aus der Sicht des
                         Ingenieurs.
                         Braunschweig, Wiesbaden 1980.

11. <u>A N H A N G</u>

Projekt: Analyse Logistik - Informationssystem													
Abteilungsbezeichnung: *TFD, Produktionsplanung* Name: *G. Müller* Erhoben am: *14.3.1983* Blatt - Nr.: *1*													

INFORMATIONS-NR. VORL.	INFORMATIONS-NR. SYST.	INFORMATIONS-BEZEICHNUNG	INHALT DER INFORMATION/ GENAUIGKEIT DER INFORM.	INFORM.-TRÄGER	HÄUFIGKEIT/ REGELMÄSSIGK.	TERMI-NIERUNG	INFORMATIONS-SENDER	INFORMATIONS-EMPF.	AUFGABEN-NR.	RELEVANZ	VERARBEITUNGS-ART	VERARBEITUNGS-MITTEL	VERARB.-HÄUFIGK.	VERARBEITUNGS-DAUER	BEMERKUNGEN
1.	35.	Gerätegruppen-Produktions-planung	geplanter Absatz nach Gerätegruppen, Stückzahlen, sonstige Plandaten	EDV-L	4 × MON	4.10.13. 18 ARBT.	EDV	TFD	1.	A	PRFG.	OTH	4×MON	70%	
2.	27.	Montagekapa-zitäten	Kap. in Stück je Schicht / bzw. Überstunden nach Art.-Gruppen / Montagebändern	S–FO	MON	20.F. FMON.	TA	TFD	1.	A	BERECH.	OTH, TAR	MON	70%	
3.	29.	Personal- und Bandkapazität Montage	Bandkapazität in Stück, Anzahl Personal à Art.-Grp. je Monat mit Vorschau f. 2 Folgemonate	S–FO	MON	1.-15.F. FMON.	TFD	T2 T3	9.	-	-	-	MON	5%	s. Erläuter.!)
4.	94.	Umsatzstatistik "EPU"-Unterlage	Gerätegruppen, Absatz-Ist und Planstückzahlen im Export u. im Inland	EDV-L	MON	MON-ENDE	EDV	TFD	1.	B	REGIST. BERECH.	OTH, TAR	MON	70%	Ausdruck aus lfd. Nr.1
5.	19.	Produktions-programm	Art.-Nr. 7-stellig, Prod.-Programm für 6 Folgemonate	EDV-L	MON	17.-18. ARB.T. F.FMON.	EDV	TFD	1.	B	PRFG.	OTH	MON	70%	Ausdruck aus lfd. Nr.1
6.	86.	Verkaufsplan-übersicht -langfristig	Art.-Nr. 7-stellig, Menge pro Monat für 12 Monate, Prognose Normalausführungen	EDV-L	4 × MON	4.10.13. 18.ARB.T.	EDV	TFD	1.	A	REGIST. BERECH.	OTH, TAR	MON	70%	
7.	71.	Liste knappe Artikel	Art.-Nr. 7-stellig, Fehlmenge oder bei Ausfall Monats-restproduktion	EDV-L	2 × MON	6.18. ARB.T.	TFD	EDV	2.	A	BEARB	OTH	2×MON	10%	
8.	73.	Meldung gesperrte Artikel	Art.-Nr. 7-stellig, Art.-Bezeichnung, Lagerort, gesp. Stückzahl, Maßnahmen und Arbeitsumfang	S–FO	JNB	-	TQE	TFD	3.	A	REGIST. BEARB.	OTH	JNB	2%	u.a. Grundlage f. Planung von Nacharbeit

Abb. 33: Beispiel für ein ausgefülltes Formular - Erfassung des Ist-Zustandes (mitarbeiterbezogener Informationsfluß)

<u>Untersuchte/befragte Abteilungen</u>

```
EDV  - EDV - Abteilung
TFD  - Produktionsplanung
TFF  - Fertigungssteuerung Handelsware
TFS  - Fertigungssteuerung/Teiledisposition Montage
T1HB - Transport Grundfertigung - Halbteileläger
T2HB - Halbteile Bereitstellung Montage
VABN - Auftragsbearbeitung Ausland
VIBN - Auftragsbearbeitung Inland
VLA  - Versandabwicklung Ausland
VLD  - Disposition Zentrallager
VLI  - Versandabwicklung Inland
VLL  - Bewegungen Zentrallager
VLV  - Disposition Regionalläger
VSP  - Absatzplanung und Prognose
```

<u>Nachbarabteilungen (bzgl. Informationsaustausch)</u>

```
B    - Beschaffung/Einkauf
C    - Controlling
FO   - Fernost
K    - Kunde
LVR  - Lagerverwaltung Regionallager
REG  - Regionallager
SPED - Spedition
T    - Technik - Leitung
TA   - Arbeitsvorbereitung
TF   - Fertigungssteuerung/Materialwirtschaft
TK   - Kundendienst
TPK  - Fuhrpark
TQ   - Qualitätskontrolle
TQE  - Endkontrolle
T1   - Grundfertigung
T2   - Montage 2
T3   - Montage 3
T4   - Montage 4
T2M  - Meisterbereich Montage
V    - Vertrieb - Leitung
VA   - Vertrieb Export (Vertreter)
VI   - Vertrieb Inland
VK   - Verkauf/Vertrieb
VL   - Fertigwarenläger und Versand
VM   - Marketing - Leitung
VT   - Vertrieb Export (Tochtergesellschaften)
WE   - Wareneingang
ZE   - Zulieferer Europa
ZF   - Zulieferer Fernost
```

Tab. 20: Erklärung der Abteilungsabkürzungen - Untersuchungsfeld 2

<table>
<tr><td>Bedarfsermittlung und Disposition von Fertigungsmaterial und -teilen</td></tr>
</table>

- Ermittlung des Bedarfs an Material, Teilen und Baugruppen aufgrund der Produktionspläne und der Stücklistenauflösung

- Ermittlung des Bedarfs an Material, Teilen und Baugruppen aufgrund des Verbrauchs

- Initiierung und Überwachung von Rahmenaufträgen mit Zulieferern

- Abruf von Teilen aus Rahmenaufträgen

- Initiierung von Einzelaufträgen bei Sonderteilen

- Verantwortung für die Bestandshöhen

- Veranlassung von Inventuren

Abb. 34: Typische Teilaufgaben im Rahmen der Bedarfsermittlung und Disposition von Fertigungsmaterial und -teilen

<table>
<tr><td>Festlegen und Überwachen von Lieferungen und -terminen für Fertigunsmaterial und -teile</td></tr>
</table>

- Festlegen der Liefertermine

- Festlegen der Liefermengen

- Benachrichtigung des Wareneingangs über zu erwartende Anlieferungen

Abb. 35: Typische Teilaufgaben im Rahmen der Festlegung und Überwachung von Liefermengen und -terminen für Fertigungsmaterial und -teile

---

Festlegen von Verpackungs-, Transport- und Versandvorschriften
für Fertigungsmaterial und -teile

- Festlegen und Überprüfen der Verpackungsvorschriften

- Festlegen und Überprüfen der Transport- und Versandvorschriften

- Information des Einkaufs

- Abwicklung von Beanstandungen

- Sicherstellung der Leerpalettenrückgabe

Abb. 36: Typische Teilaufgaben im Rahmen der Festlegung von
Verpackungs-, Transport- und Versandvorschriften für
Fertigungsmaterial und -teile

Eingangskontrolle und Einlagerung von Fertigungsmaterial
und -teilen

- Erstellung von Wareneingangsbelegen

- Vergleich der Soll- und Ist-Mengen

- Meldung von Soll-Ist-Abweichungen bezogen auf Menge
  und Termin

- EDV-Eingabe der Wareneingänge, Klärung von Fehlern

- Durchführung der Eingangsqualitätskontrolle

- Annahmeverweigerung oder Sperren von beanstandeten
  Lieferungen

- Kennzeichnung von Sonderbeständen

Abb. 37: Typische Teilaufgaben im Rahmen der Eingangskontrolle
und Einlagerung von Fertigungsmaterial und -teilen

> **Lagerung und Bestandsüberwachung von Fertigungsmaterial und -teilen**
>
> - Registrierung der Lager-Zu- und -Abgänge
>
> - Regalplatzzuweisung und -auffindung
>
> - Einhaltung vorgeschriebener Ein- und Auslagerungs- modalitäten
>
> - Überwachung der Bestände
>
> - Überwachung und Kontrolle von Ladenhütern
>
> - EDV-Eingabe von Einlagerungen und Auslagerungen
>
> - Durchführung der Inventuren
>
> - Klärung von Inventurdifferenzen
>
> - Durchführung von Korrekturbuchungen

Abb. 38: Typische Teilaufgaben im Rahmen der Lagerung und Bestandsüberwachung von Fertigungsmaterial und -teilen

> **Innerbetrieblicher Transport und Bereitstellung von Material, Teilen und Baugruppen**
>
> - Transport des Fertigungsmaterials aus dem Vorratslager bzw. vom Wareneingang in die Fertigung
>
> - Transport zwischen den Bearbeitungsstationen, den Montage- bändern und den Zwischenlägern
>
> - Einsatz und Überwachung der Transportmittel
>
> - Einsatz und Überwachung des Transportmaterials
>
> - Durchführung des Leergutrücktransports
>
> - Kontrolle, Überwachung und Registrierung der Transportmengen
>
> - Kommissionierung und Bereitstellung für die Montage
>
> - Erfassung des Ausschusses

Abb. 39: Typische Teilaufgaben im Rahmen des innerbetrieblichen Transports und Bereitstellung von Material, Teilen und Baugruppen

Zwischenlagerung von Material, Teilen und Baugruppen in der
Fertigung

- Lagerung zwischen den Bearbeitungsstufen

- Inventurdurchführung für Zwischenläger

- Bestandsüberwachung der Zwischenläger

- Klärung von Inventurdifferenzen

- Einhaltung vorgeschriebener Ein- und Auslagerungsmodalitäten

Abb. 40: Typische Teilaufgaben im Rahmen der Zwischenlagerung in der Fertigung

Produktionsplanung

- Annahme und Überprüfung der Bedarfsmeldungen

- Erstellung der Produktionsprogrammpläne

- Ermittlung und Kontrolle der Personal- und Betriebsmittel-
kapazitäten

- Durchführung der Durchlaufterminierung

- Erstellung der Betriebsaufträge

- Terminverfolgung der Aufträge in der Produktion

- Soll - Ist - Vergleich der Produktionsstückzahlen

- Überprüfung und Klärung von Rückständen

- Information des Vertriebs bei Produktionsänderungen

Abb. 41: Typische Teilaufgaben im Rahmen der Produktionsplanung

Eingangskontrolle und Einlagerung von Fertigwaren

- Einlagerung der Fertigwaren

- Durchführung des Abgleiches zwischen Produktions-
abgang und Lagerzugang

- Durchführung der Eingangskontrolle

- Erstellung von Wareneingangsbelegen

- Kennzeichnung von Sonderbeständen

- Sperren von bestimmten Beständen

- Durchführung und Kontrolle der Leerpalettenrückgabe

Abb. 42: Typische Teilaufgaben im Rahmen der Eingangskontrolle und Einlagerung von Fertigwaren

Lagerung und Bestandsüberwachung der Fertigwaren

- Lagerung der Fertigwaren

- Registrierung bzw. EDV-Eingabe der Lager-Zu- und -Abgänge

- Paletten- bzw. Regalplatzzuweisung und -auffindung

- Reservierung von bestimmten Artikeln

- Durchführung von Bestandskontrollen

- Klärung von Inventurdifferenzen

- Durchführung von Korrekturbuchungen

- Einhaltung vorgeschriebener Ein- und Auslagerungsprioritäten

- Einhaltung vorgeschriebener Lagerbedingungen

- Durchführung von Bestandsbereinigungsmassnahmen durch Veranlassung von Nacharbeit oder Verschrottung

- Überwachung und Kontrolle von Ladenhütern

- Bestandsüberwachung der Fertigwaren in den Regionallägern

Abb. 43: Typische Teilaufgaben im Rahmen der Lagerung und Bestandsüberwachung der Fertigwaren

Disposition bzw. Bestellauslösung zum Wiederauffüllen des Fertigwarenlagers

- Überprüfung der Fertigwarenbestände auf knappe Artikel

- Verteilung von Versandkontingenten

- Festlegung von Mindest-, Auslöse- und Höchstbeständen

- Sicherstellung der Verfügbarkeit

- Prüfung der Versandanweisungen auf Gefährdung von Terminaufträgen

- Disposition eigener Fertigwaren und Handelswaren

- Veranlassung der Produktion zur Fertigung knapper Artikel

- Entscheidung über Verteilung der Fertigwaren aus der Produktion auf die verschiedenen Fertigwarenläger

- Disposition der Regionalläger

- Auslaufartikelüberwachung

- Erstellung von Bestandsplänen

- Verantwortung für Bestandshöhen

Abb. 44: Typische Teilaufgaben im Rahmen der Disposition
zum Wiederauffüllen des Fertigwarenlagers

Kommissionierung der Fertigwarenaufträge

- Annahme und Überprüfung der Fertigwarenaufträge

- Kommissionierung aus dem Kommissionierlager bzw. aus den Kommissionierzonen

- Aufteilung der Aufträge in Kommissionierstufen

- Auftragszusammenführung

- Weitergabe der Kommissionen an den Versand

- Disposition des Kommissionierlagers

- Bestandskontrolle des Kommissionierlagers

Abb. 45: Typische Teilaufgaben im Rahmen der Kommissionierung

Verpackung und Bereitstellung der Fertigwaren für den Versand

- Durchführung der Verpackung aller Kommissionen

- Ermittlung der Verpackungskosten

- Disposition des Verpackungsmaterials

- Erstellung von Verladelisten

Abb. 46: Typische Teilaufgaben im Rahmen der Verpackung und
Bereitstellung der Fertigwaren für den Versand

Transportplanung - Fertigwaren

- Transportplanung Inlands- und Auslandsversand

- Veranlassung und Überwachung des Transports zwischen den Fertigwarenlägern

- Veranlassung und Überwachung des Transports vom Zentrallager zu den Kunden oder evtl. vorhandenen Regional- oder Auslieferungslägern

- Durchführung von Tourenplanungen

- Überwachen von Frachtfreigrenzen

- Abrechnung mit externen Lagerhaltern

- Ermittlung der kostengünstigsten Transportmöglichkeiten

Abb. 47: Typische Teilaufgaben im Rahmen der Transportplanung für Fertigwaren

Versandabwicklung

- Importabwicklung - Bearbeitung von Zollpapieren usw.

- Zollabwicklung Auslandsversand

- Erstellung bzw. Prüfung von Versandpapieren

- Überprüfung der Kommissionen

- Verladung der Kommissionen

- Ermittlung der Versandkosten

- Erstellung bzw. Prüfung von Versandkostenrechnungen

Abb. 48: Typische Teilaufgabe im Rahmen der Versandabwicklung

Kaufmännische Auftragsabwicklung

- Annahme eingehender Kundenaufträge

- Vervollständigung der Auftragsdaten

- Vergabe von Lieferterminen und -mengen

- Prüfung von Konditionen und Kreditwürdigkeit

- Auftragsdateneingabe in die EDV

- Erstellung und Prüfung von Auftragsbestätigung, Lieferschein, Versandpapieren und Rechnung

- Verfolgung von Rückständen

- Überwachung von Retouren, Veranlassung von Gutschriften

- Aktualisierung und Pflege der Kundenstammdaten

- Bearbeitung von Kundenrückfragen

Abb. 49: Typische Teilaufgaben im Rahmen der Kaufmännischen Auftragsabwicklung

Absatzplanung und Prognose

- Klärung und Feststellung von Absatztrends

- Beschaffung von externen - z.B. branchenbezogenen - Informationen

- Berücksichtigung von Marketingaktionen

- Aufbereitung der Ist-Absatzzahlen für die Prognose

- Erstellung und Aktualisierung von Absatzprognosen

- Erstellung von Absatzplänen

- Bedarfsplanung für die verschiedenen Absatzgebiete

Abb. 50: Typische Teilaufgaben im Rahmen der Absatzplanung und Prognose

Bedarfsmeldung bzw. Bestellauslösung an Produktion bzw. Beschaffung

- Koordination der Bedarfswünsche der verschiedenen Vertriebsbereiche

- Erstellung von Fertigwarenbedarfsplänen

- Ermittlung der Handelswarenbedarfszahlen

- Weitergabe der Fertigwarenbedarfspläne an Produktionsplanung bzw. Beschaffung (f. Handelswaren)

- Erstellung der Handelswarenaufträge

- Initiierung der Erneuerung von Rahmenaufträgen mit Handelswarenlieferanten

- Bestellung und Abruf aus Rahmenaufträgen für Handelswaren

- Terminverfolgung für Handelswarenaufträge

- Festlegen von Lieferzeiten und Information des Wareneingangs

Abb. 51: Typische Teilaufgaben im Rahmen der Bedarfsmeldung bzw. Bestellauslösung an Produktion bzw. Beschaffung

```
******************         PROGRAMMSYSTEM  I N F O         ********************
*                                                                             *
* FALLS SIE DIE AUGENBLICKLICHE FUNKTION VERLASSEN WOLLEN, TRAGEN SIE BITTE    *
* EIN  H  IN DAS FOLGENDE STEUERFELD EIN UND BEENDEN DIE EINGABE DURCH DUE.    *
*                                                                             *
*               STEUERFELD:      _                                            *
*                                                                             *
*  FOLGENDE ANGABEN WERDEN FUER DIE DATEI 'AUFGBEZ' BENOETIGT:                 *
*                                                                             *
*    AUFGABEN-BEZ-NR          :    aaa         HAUPTGRUPPE:  ##                *
*    VERARBEITUNGS-ART        :    -------     -------                         *
*    VERARBEITUNGS-DAUER      :    -----                                       *
*    VERARBEITUNGS-MITTEL     :    -----     -----       -----                 *
*    VERARBEITUNGS-HAEUFIGKEIT:    ---       ---         ---                   *
*                                                                             *
*    AUFGABEN-BEZEICHNUNG     :    ---------------------------------------     *
*                                  ---------------------------------------     *
*                                  ---------------------------------------     *
*                                  ---------------------------------------     *
*                                  --------------------------------------.     *
*                                  ---------------------------------------     *
*                                  ---------------------------------------     *
*                                  ---------------------------------------     *
*                                                                             *
******************         PROGRAMMSYSTEM  I N F O         ********************
```

Abb. 52: Bildschirmmaske zur Eingabe der Teilaufgabenbeschreibungen

```
*******************         PROGRAMMSYSTEM  I N F O         *******************
*                                                                             *
* DURCH EINTRAGUNG IN DAS STEUERFELD KOENNEN FOLGENDE UNTERFUNKTIONEN AUFGE-   *
* RUFEN WERDEN:             - 'H' :  BEENDEN DER LAUFENDEN FUNKTION            *
*                           - '+' :  POSITIONIEREN AUF NAECHSTE ABTEILUNG      *
*                           - 'E' :  EINFUEGEN EINES SATZES AN DIE ANGEZ. POS. *
*                           - 'L' :  LOESCHEN DES ANGEZEIGTEN SATZES           *
*   STEUERFELD:  _                                                            *
*                                                                             *
*   ABTEILUNGS-NR:             aa   aaa                                        *
*   AUFGABEN-BEZ-NR:           ###            RELEVANZ DER AUFGABE : #         *
*                                                                             *
* S-E-KENNUNG  WICHTUNG   INFO-BEZ-NR   S-E-KENNUNG  WICHTUNG   INFO-BEZ-NR    *
*     -            #          ###            -            #          ###       *
*     -            #          ###            -            #          ###       *
*     -            #          ###            -            #          ###       *
*     -            #          ###            -            #          ###       *
*     -            #          ###            -            #          ###       *
*     -            #          ###            -            #          ###       *
*     -            #          ###            -            #          ###       *
*     -            #          ###            -            #          ###       *
*     -            #          ###            -            #          ###       *
*     -            #          ###            -            #          ###       *
*******************         PROGRAMMSYSTEM  I N F O         *******************
```

Abb. 53: Bildschirmmaske zur Eingabe der Zuordnung der Informationen zu den Teilaufgaben

```
********************        PROGRAMMSYSTEM  I N F O        ***********************
*                                                                               *
*                                                                               *
* FALLS SIE DIE AUGENBLICKLICHE FUNKTION VERLASSEN WOLLEN, TRAGEN SIE BITTE      *
* EIN  H  IN DAS FOLGENDE STEUERFELD EIN UND BEENDEN DIE EINGABE DURCH DUE.      *
*                                                                               *
*                                      -                                        *
*                                                                               *
*                                                                               *
*    FOLGENDE ANGABEN WERDEN FUER DIE DATEI "ABTBEZ" BENOETIGT:                  *
*                                                                               *
*                                                                               *
*    ABTEILUNGS-NR:    00                                                        *
*                                                                               *
*    ABKUERZUNG DER ABTEILUNGSBEZEICHNUNG:   ____                               *
*                                                                               *
*    ABTEILUNGSBEZEICHNUNG:  _________________________________________________  *
*                                                                               *
*                                                                               *
*                                                                               *
*                                                                               *
*                                                                               *
********************        PROGRAMMSYSTEM  I N F O        ***********************
```

Abb. 54: Bildschirmmaske zur Eingabe der Abteilungsbezeichnungen

INHALT DER DATEI 'INFOBEZ'   SEITE 004

| INFORMATIONS-NUMMER | | INFORMATIONS-BEZEICHNUNG | DATEN-TRAE-GER | HAEU-FIG-KEIT | TERMIN | SENDER | EMPFG. |
SYSTEM	VORL.						
6	6	MELDUNG KON-TINGENTIETERR ARTIKEL	S	TGL	MITT.	VLV	VIBN
12	12	RECHNUNGS-KOPIE	EDV-F	TGL	ABENDS	VI	VIBN
9	9	RUECKSTANDS-LISTE	EDV-L	TGL	MORG.	VI	VIBN
13	13	SENDUNGS-DATEN	T-B	TGL LFD	-	EDV VIBN	VIBN VLI
20	20	VERSANDANWEI-SUNG (1-FACH)	EDV-F	TGL LFD	-	VLI	VIBN
11	11	VERSANDANWEI-SUNG (1-FACH)	EDV-F	1 X TGL	ABENDS	VIBN	VI
10	10	VERSANDANWEI-SUNG (4-FACH)	EDV-F	TGL LFD	-	VIBN VIBN EDV	VLI REG VIBN
18	18	VERSANDANWEI-SUNG (4-FACH)	S-FO	JNB	-	VIBN	VLI
19	19	VERSANDANWEI-SUNG (5-FACH)	EDV-F	2 X TGL	MORG. + MITT.	EDV	VIBN

Abb. 55: Beispielhafter Ausschnitt der alphabetischen Auflistung
der erfaßten Informationen für die Plausibilitätsprüfung
(vgl. Kap. 7, S. 146)

```
+-------------------------------------------+
| ERGEBNIS DER PLAUSIBILITAETSPRUEFUNG      |
+-------------------------------------------+

| FEHLER | ABT-NR | LFD-NR | INFO-NR | BEMERKUNG
|--------+--------+--------+---------+---------------------------------------------------------------------
|   1    |   1    |   10   |    1    | NICHT AUSGANGSINFORMATION IN VR    (ABT-NR.:  3) : KUNDEN        AUFTRAG
|   2    |   1    |   10   |    1    | NICHT AUSGANGSINFORMATION IN REG   (ABT-NR.:  6) : KUNDEN        AUFTRAG
|   3    |   1    |   20   |    1    | NICHT AUSGANGSINFORMATION IN VR    (ABT-NR.:  3) : KUNDEN        AUFTRAG
|   4    |   1    |   20   |    1    | NICHT AUSGANGSINFORMATION IN REG   (ABT-NR.:  6) : KUNDEN        AUFTRAG
|   5    |   1    |   30   |   13    | DIE ABTEILUNG VIBN IST IN DER INFORMATION  13 NICHT ALS EMPFAENGER EINGETRAGEN
|   6    |   1    |   30   |   12    | NICHT EINGANGSINFORMATION IN REG   (ABT-NR.:  6) : VERSANDANWEI- SUNG (4-FACH)
|   7    |   2    |   30   |   19    | NICHT AUSGANGSINFORMATION IN VLA   (ABT-NR.:  5) : VERSANDANWEI- SUNG (1-FACH)
|   8    |   2    |   30   |   23    | NICHT EINGANGSINFORMATION IN VLA   (ABT-NR.:  5) : VERSANDANWEI- SUNG (4-FACH)
|   9    |   2    |   40   |   19    | NICHT AUSGANGSINFORMATION IN VLA   (ABT-NR.:  5) : VERSANDANWEI- SUNG (1-FACH)
|  10    |   2    |   40   |   23    | NICHT EINGANGSINFORMATION IN VLA   (ABT-NR.:  5) : VERSANDANWEI- SUNG (4-FACH)
|  11    |   2    |   40   |   14    | NICHT EINGANGSINFORMATION IN VLA   (ABT-NR.:  5) : SENDUNGS-     DATEN
|  12    |   3    |   10   |   27    | NICHT EINGANGSINFORMATION IN VIBN  (ABT-NR.:  1) : KUNDEN-       AUFTRAG
|  13    |   4    |   10   |   23    | NICHT EINGANGSINFORMATION IN VLA   (ABT-NR.:  5) : VERSANDANWEI- SUNG (4-FACH)
|  14    |   5    |   10   |   37    | NICHT AUSGANGSINFORMATION IN VABN  (ABT-NR.:  2) : VERSANDANWEI- SUNG (4-FACH)
|  15    |   6    |   10   |   34    | NICHT AUSGANGSINFORMATION IN VR    (ABT-NR.:  3) : BESTELLUNG
|  16    |   6    |   10   |   35    | NICHT EINGANGSINFORMATION IN VIBN  (ABT-NR.:  1) : KUNDEN-       AUFTRAG
+-------------------------------------------------------------------------------------------------------------

DIE PLAUSIBILITAETSPRUEFUNG HAT  16 MOEGLICHE FEHLER ERGEBEN
```

Abb. 56: Beispiel für eine Fehlermeldung im Rahmen der Plausibilitätsprüfung
(vgl. Kap. 7, S. 118)

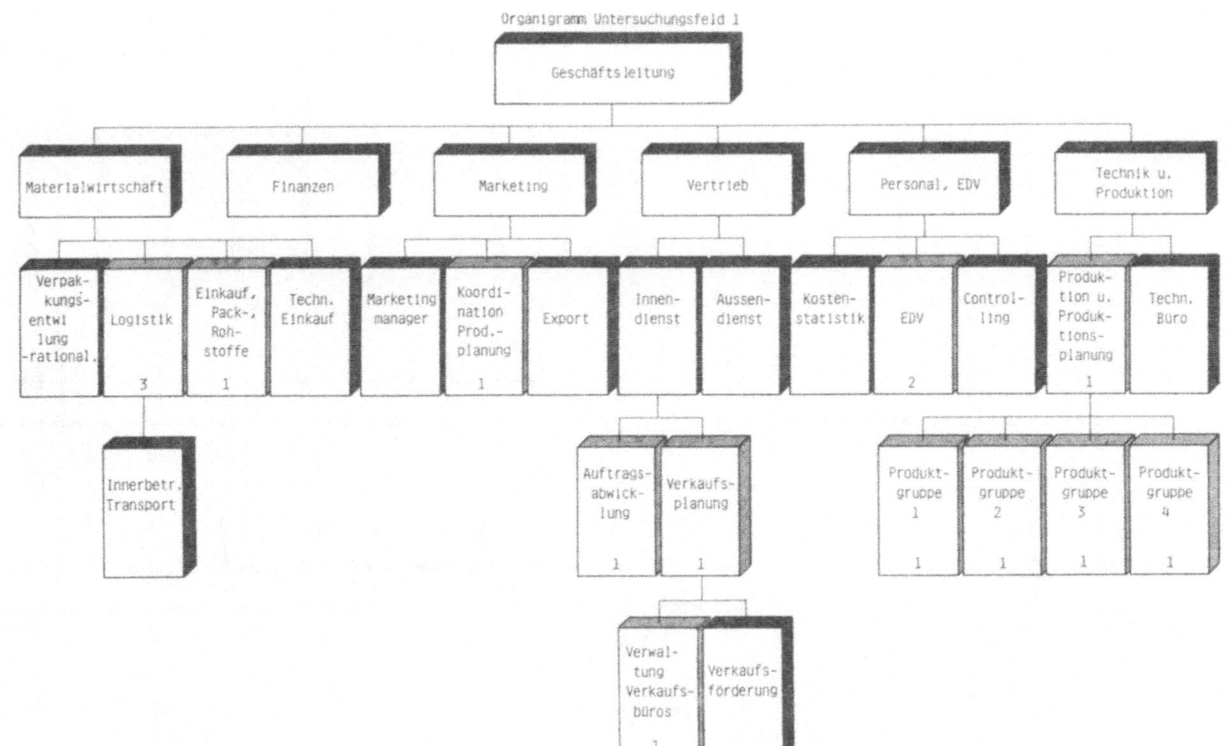

Abb. 57: Organigramm - Untersuchungsfeld 1

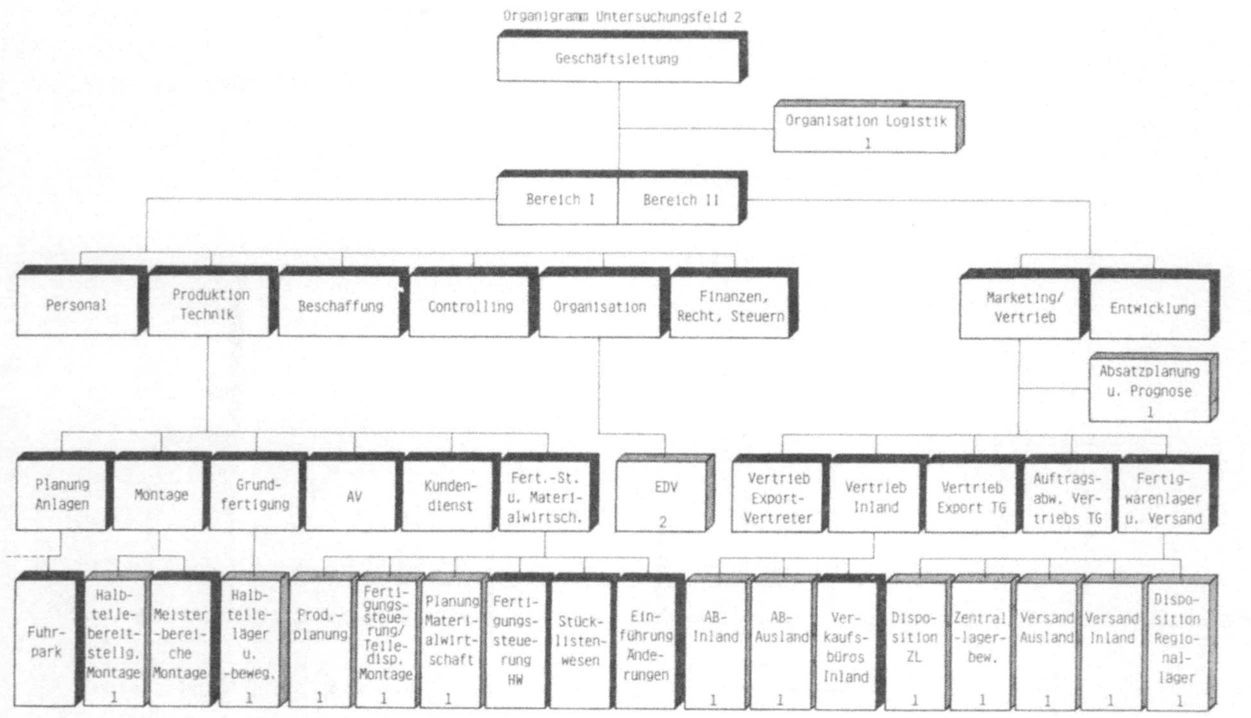

Abb. 58: Organigramm - Untersuchungsfeld 2

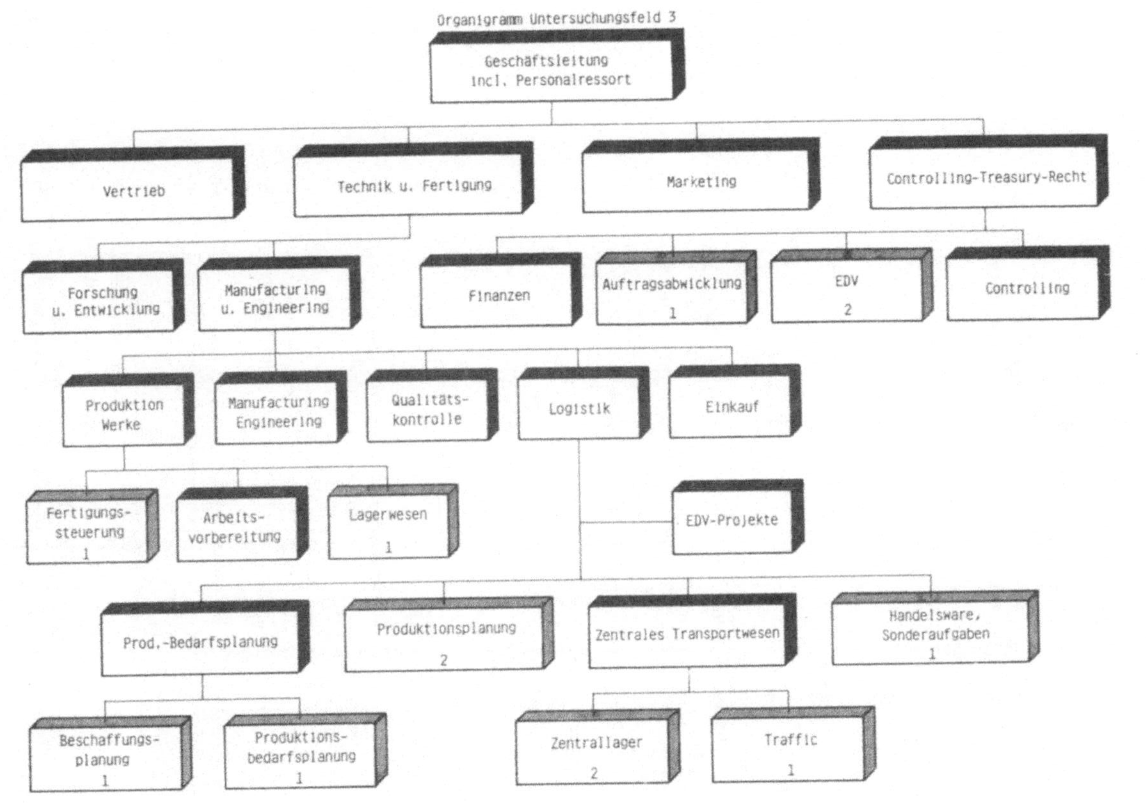

Abb. 59: Organigramm - Untersuchungsfeld 3

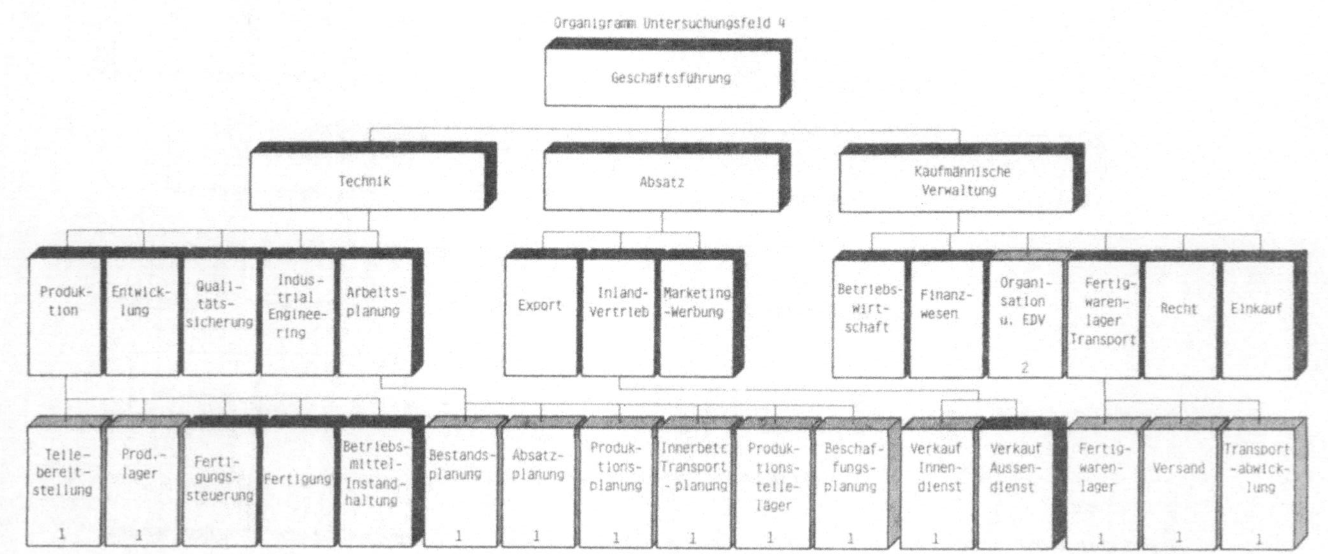

Abb. 60: Organigramm - Untersuchungsfeld 4

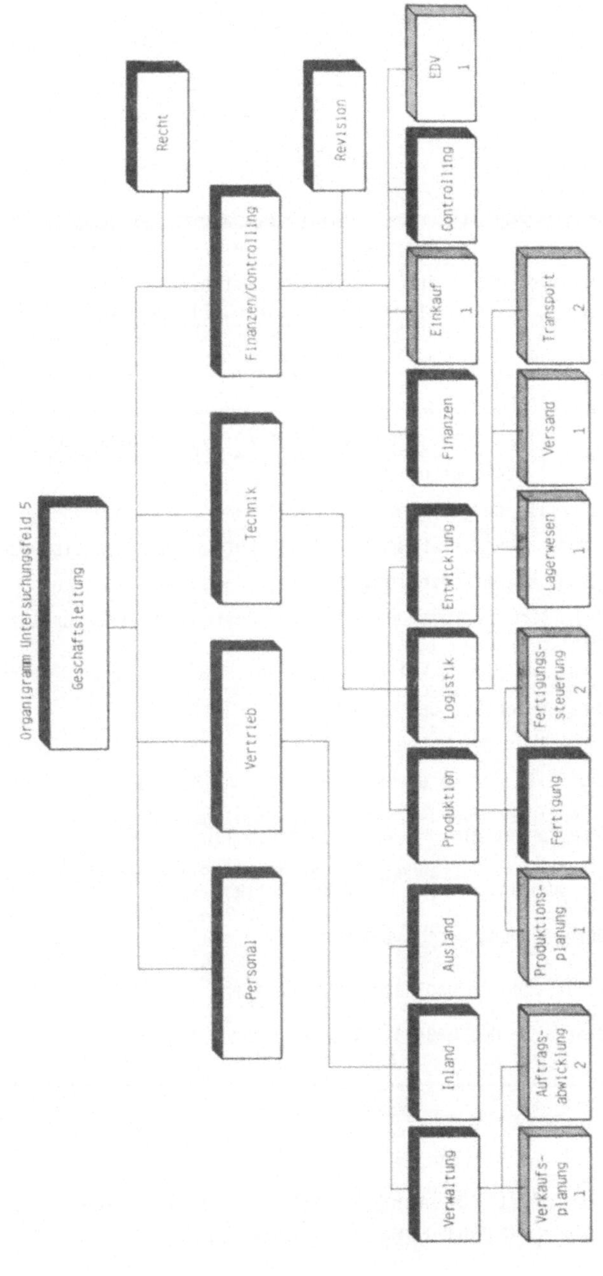

Abb. 61: Organigramm – Untersuchungsfeld 5

Projekt	:	Analyse Logistik-Informationssystem
Abteilungsbezeichnung	:	ZLL, Bewegungen Zentrallager
Logistik-Aufgaben	:	Eingangskontrolle u. Einlagerung der Fertig- waren, Bestandsüberwachung der Fertigwaren
Name	:	W. Schulz befragt am : 26. 3. 83

lfd.Nr.	Teilaufgaben
1	Registrierung der Hochregallager-Zu- und -Abgänge am I-Punkt sowie der Stellplätze; Kontrolle der Einhaltung der FIFO-Regel bei Auslagerung
2	Kontrolle der EDV-Buchungen über Zentrallagerbewegungen
3	Veranlassung der Disposition von Fertig- und Handelswaren
4	Entnahme und Verteilung der Waren: Hochregallager/Aussenläger
5	Buchungen der Bewegungen für EDV-Bestandsführung der Aussenläger
6	Erfassung der Packstückinhalte bei Exportsendungen, Durchführung der Verpackung von Überseepaketen und Verladung von Fertigwaren für den Export und die Regionalläger
7	Ermittlung der Verpackungskosten
8	Kontrolle der Warenreservierungen und Meldung knapper Artikel
9	Wareneingangsverwaltung Fertigwarenlager; Erstellung von Palettenzetteln und Wareneingangsbelegen
10	Sperren von Beständen, Steuerung von Sonderbeständen gesperrter oder noch nicht geprüfter Artikel
11	Durchführung von Inventuren
12	Kennzeichnung von Fachhandelsgeräten
13	Kontrolle der Leerpalettenrückgabe

Abb. 62: Beispiel für ausgefülltes Formblatt "Teilaufgaben
des Stelleninhabers" - Untersuchungsfeld 2

Informationsfluss u. -verarbeitung – Abteilung: Auftragsbearbeitung/Inland   Name: H. Meyer

Input

Sender	Info-träger	Nr.	Info-Bezeichnung	Häufigk./Regelm.	Terminierg.
KI VR	FM,FS S-FO	1	Kundenauftrag	TGL/LFD	-
EDV	T-B	2	Kunden- u. Artikel-stammdaten	JNB	-
VI EDV	S/ T-B	3	Bonitätsangaben	MON	MON - ANF
VI	S		Liste Aktionsangebote	JNB	-
EDV	T-B	5	Auftragseingabedaten	TGL/LFD	-
EDV	EDV-F	10	Versandanweisung(5-fach)	2xTGL	MORG.+MITT
VLI	EDV-F	11	Versandanweisung(1-fach)	TGL/LFD	-
VI	EDV-F	12	Rechnungskopie	TGL	ABEND.
EDV	T-B	13	Sendungsdaten	TGL/LFD	-
VLV	S	6	Meldung kontingentierte Artikel	TGL	MITT.
VLV	M	7	Meldung knappe Artikel	TGL/JNB	-
VLV	S	8	Aktuelle Liefersituation	WTL	MI
EDV	EDV-L	9	Rückstandsliste	TGL	MORG.
VI	S-FO		Kommissionierauftrag	JNB	-
TK	M/FM S	15	Meldung Rückerhalt	JNB	-
VI	M/FM S	16	Aufforderung Kommissions-berechnung	JNB	-

Verarbeitung bei VIBN

Nr	Teilaufgabenbezeichnung	V.-art	V.-dauer
1	Annahme eingehender Aufträge u. Bearbeitung v. Kundenrückfragen	REGIST.-BEARB.	20%
2	Auftragsbearbeitung, Ausfüllen der Antragsformulare u. Eingabe der Auftragsdaten in die EDV	BEARB. EDV-E.	40%
5	Vergleich Auftrag mit Versand-papieren;bei Differenzen EDV-Eingabe über Abweichungen, Stornierungen u. Stückzahländ.	PRFG. EDV-E.	20%
4	Prüfung und Weiterleitung der Versandanweisungen an den Versand	PRFG. INFO-W.	5%
3	Festlegung der Liefermengen f. Aufträge im Rückstand u. kontin-gierte Aufträge; Bearbeitung der Rückstandslisten	DISPOS. BEARB.	10%
6	Bearbeitung von Kommissionswaren	BEARB. UEBERW.	5%

Output

Info-träger	Nr	Info-Bezeichnung	Häufigk./Regelm.	Terminierg.	Empfänger
S	4	Liste Aktionsangebote	JNB	-	K
T-B	5	Auftragseingabedaten	TGL/LFD	-	EDV
EDV-F	10	Versandanweisung (4-fach)	TGL/LFD	-	VLI REG
EDV-F	11	Versandanweisung (1-fach)	1xTGL	ABEND	VI
FM/S	13	Sendungsdaten	TGL/LFD	ABEND	VLI
S-FO	17	Kommissionsrechnung	JNB	-	K
S-FO	18	Versandanweisung (4-fach)	JNB	-	VL

Abb. 63: Informationssystemelement-bezogene Darstellung des Informationssystems – Beispiel für Untersuchungsfeld 2

ABTEILUNG 1: VIBN AUFTRAGSBEARBEITUNG / INLAND									INFORMATIONSFLUSS U. -VERARBEITUNG	SEITE 1		
INPUT					**VERARBEITUNG**			**OUTPUT**				
SENDER	INFO-TRAE.	INFORMATIONS-BEZEICHNUNG	HFG RGL	TERMI-NIERG.	AUFGABENBEZEICHNUNG	VERARBEITUNGS ART	DAUER	INFO-TRAE.	INFORMATIONS-BEZEICHNUNG	HFG RGL	TERMI-NIERG.	EMPFG.
K VR	FM,FS S-FO	KUNDEN-AUFTRAG	TGL LFD	-	ANNAHME EINGEHENDER AUFTRAEGE UND BEARBEITUNG VON KUNDENRUECKFRAGEN	REGIST. BEARB.	20%	S	LISTE AKTIONS-ANGEBOTE	JNB	-	K
EDV	T-B	KUNDEN- UND ARTIKELSTAMM-DATEN	JNB	-								
VI EDV	S T-B.	BONITAETS-ANGABEN	MON	MON.-ANFG.								
VI	S	LISTE AKTIONS-ANGEBOTE	JNB	-								
K VR	FM,FS S-FO	KUNDEN-AUFTRAG	TGL LFD	-	AUFTRAGSBEARBEITUNG, AUSFUELLEN DER ANTRAGSFORMULARE UND EINGABE DER AUFTRAGSDATEN IN DIE EDV	BEARB. EDV-E.	40%	S	LISTE AKTIONS-ANGEBOTE	JNB	-	K
EDV	T-B	KUNDEN- UND ARTIKELSTAMM-DATEN	JNB	-				T-B	AUFTRAGS-EINGABE-DATEN	TGL LFD		EDV
VI EDV	S T-B.	BONITAETS-ANGABEN	MON	MON.-ANFG.								
VI	S	LISTE AKTIONS-ANGEBOTE	JNB	-								
EDV	T-B	AUFTRAGS-EINGABE-DATEN	TGL LFD									
EDV	T-B	AUFTRAGS-EINGABE-DATEN	TGL LFD	-	VERGLEICH AUFTRAG MIT VERSANDPAPIEREN; BEI DIFFERENZEN EDV-EINGABE UEBER ABWEICHUNGEN, STORNIERUNGEN UND STUECKZAHLAENDERUNGEN	PRFG. EDV-E.	20%	T-B	AUFTRAGS-EINGABE-DATEN	TGL LFD		EDV
EDV	EDV-F	VERSANDANWEISUNG (5-FACH)	2 X TGL	MORG. + MITT.				EDV-F	VERSANDANWEISUNG (4-FACH)	TGL LFD	-	VLI REG
VLI	EDV-F	VERSANDANWEISUNG (1-FACH)	TGL LFD	-				EDV-F	VERSANDANWEISUNG (1-FACH)	1 X TGL	ABENDS	VI
EDV	EDV-F	VERSANDANWEISUNG (5-FACH)	2 X TGL	MORG. + MITT.	PRUEFUNG UND WEITERLEITUNG DER VERSANDANWEISUNGEN AN DEN VERSAND	PRFG. INFO-W.	5%	EDV-F	VERSANDANWEISUNG (4-FACH)	TGL LFD	-	VLI REG
VLI	EDV-F	VERSANDANWEISUNG (1-FACH)	TGL LFD	-				EDV-F	VERSANDANWEISUNG (1-FACH)	1 X TGL	ABENDS	VI
VI	EDV-F	RECHNUNGS-KOPIE	TGL	ABENDS				T-B	SENDUNGS-DATEN	TGL LFD	-	VLI
EDV	T-B	SENDUNGS-DATEN	TGL LFD	-								
VLV	S	MELDUNG KONTINGENTIETERR ARTIKEL	TGL	MITT.	FESTLEGUNG DER LIEFERMENGEN FUER AUFTRAEGE IM RUECKSTAND UND KONTINGENTIERTE AUFTRAEGE; BEARBEITUNG DER RUECKSTANDSLISTEN	DISPOS. BEARB.	10%	EDV-F	VERSANDANWEISUNG (4-FACH)	TGL LFD	-	VLI REG
VLV	M	MELDUNG KNAPPE ARTIKEL	TGL JNB	-				EDV-F	VERSANDANWEISUNG (1-FACH)	1 X TGL	ABENDS	VI
VLV	S	AKTUELLE LIEFER-SITUATION	WTL	-								
VI	EDV-L	RUECKSTANDS-LISTE	TGL	MORG.								

Abb. 64: Beispiel für eine maschinell erstellte Informationssystemelement-bezogene Darstellung des Informationssystems

Informationsfluss u. -verarbeitung bezogen auf: Kaufmännische Auftragsabwicklung

Input

Sender	Info-träger	Nr.	Info-Bezeichnung	Häufigk. Regelm.	Terminierg.
K VR REG	FM FS S-FO	1	Kundenauftrag	TGL LFD	–
EDV	T-B	2	Kunden- u. Artikel-stammdaten	JNB	–
VI EDV	S T-B	3	Bonitätsangaben	MON	MON.-ANF
VI	S	4	Liste Aktionsangebote	JNB	–
EDV	T-B	5	Auftragseingabedaten	TGL LFD	–
EDV	EDV-F	10	Versandanweisung (5-fach)	2xTGL	MORG.+ MITT
VLI	EDV-F	11	Versandanweisung (1-fach)	TGL LFD	–
VI	EDV-F	12	Rechnungskopie	TGL	ABEND
EDV	T-B	13	Sendungsdaten	TGL LFD	–
VA	S-FO	1	Kundenauftrag	TGL LFD	–
EDV	T-B	2	Kunden- u. Artikel-stammdaten	JNB	–
EDV	T-B	5	Auftragseingabedaten	TGL LFD	–
EDV	EDV-F	10	Versandanweisung (5-fach)	TGL	MITT.
VLA	EDV-F	11	Versandanweisung (1-fach)	TGL LFD	–
VA	EDV-F	12	Rechnungskopie	TGL	ABEND
EDV	T-B	13	Sendungsdaten	TGL	–
K	M FM S	19	Bestellung	TGL	–
VSA VK	S FM	33	Versandhausaufträge	TGL	–
EDV	EDV-F	37	Versandanweisung (5-fach)	TGL	MORG.
TK VABN	EDV-F	40	Versandanweisung (4-fach)	TGL	MORG.
EDV	T-B	43	Kunden- u. Artikel-stammdaten	JNB	–
K VR	M FM S	51	Bestellung	TGL LFD	–

Verarbeitung

Nr.	Aufgabenbezeichnung	V.-art	V.-dauer
VIBN – Auftragsbearbeitung Inland			
1	Annahme eingehender Aufträge u. Bearbeitung v. Kundenrückfragen	REGIST. BEARB.	20 %
2	Auftragsbearbeitung, Ausfüllen der Auftragsformulare u. Eingabe der Auftragsdaten	BEARB. EDV-E.	40 %
5	Vergleich Auftrag mit Versandpapieren, Eingabe v. Abweichungen, Stornierungen u. Stückzahländergn.	PRFG. EDV-E.	20 %
4	Prüfung und Weiterleitung der Versandanweisungen an den Versand	PRFG. INFO-W.	5 %
VABN – Auftragsbearbeitung Ausland			
1	Annahme eingehender Aufträge	PRFG.	10 %
3	Auftragsbearbeitung, Prüfung der Auftragsformulare u. Eingabe der Auftragsdaten	PRFG. EDV-E.	40 %
6	Vergleich Auftrag mit Versandpapieren, Eingabe v. Abweichungen, Stornierungen u. Stückzahländergn.	PRFG. EDV-E.	15 %
5	Prüfung und Weiterleitung der Versandanweisungen an den Versand	PRFG. INFO-W.	5 %
VR – Vertreter			
7	Annahme, Prüfung und Weitergabe der Kundenaufträge	BEARB. PRFG. INFO-W.	5 %
VLD – Disposition Zentrallager			
9	Abwicklung von Versandhausaufträgen	PRFG. INFO-W.	10 %
VLA – Versandabwicklung Ausland			
8	Ersatzteilauftragsabwicklung für den Export	PRFG. EDV-E.	5 %
REG – Regionallager			
5	Annahme, Prüfung und Weitergabe der Kundenaufträge	BEARB. PRFG. INFO-W.	20 %

Output

Info-träger	Nr.	Info-Bezeichnung	Häufigk. Regelm.	Terminierg.	Empfänger
FS	4	Liste Aktionsangebote	JNB	–	K
T-B	5	Auftragseingabedaten	TGL LFD	–	EDV
EDV-F	10	Versandanweisung (4-fach)	TGL LFD	–	VLI REG
EDV-F	11	Versandanweisung (1-fach)	1xTGL	ABEND	VI
FM S	13	Sendungsdaten	TGL	ABEND	VLI
T-B	5	Auftragseingabedaten	TGL	–	EDV
EDV-F	10	Versandanweisung (4-fach)	TGL	–	VLA
EDV-F	11	Versandanweisung (1-fach)	1xTGL	ABEND	VA
FM S	13	Sendungsdaten	TGL	ABEND	VLA
S-FO FS	22	Kundenauftrag	TGL	–	VIBN VA
S-FO	36	Auftragseingabedaten	TGL	ABEND	EDV
EDV-F	39	Versandanweisung (4-fach)	TGL	–	VK VLA
T-B	41	Auftragseingabedaten	TGL	ABEND	EDV
FS	58	Kundenauftrag	TGL	–	VIBN

Abb. 65: Aufgabenbezogene Darstellung des Informationssystems – Beispiel für Kaufmännische Auftragsabwicklung im Untersuchungsfeld 2

AUSWERTUNG NACH HAUPTGRUPPE KAUFMAENNISCHE AUFTRAGSABWICKLUNG

	INPUT				VERARBEITUNG			OUTPUT				
SENDER	INFO-TRAE.	INFORMATIONS-BEZEICHNUNG	HFG RGL	TERMI-NIERG.	AUFGABENBEZEICHNUNG	VERARBEITUNGS-ART	DAUER	INFO-TRAE.	INFORMATIONS-BEZEICHNUNG	HFG RGL	TERMI-NIERG.	EMPFG.
					VI8N AUFTRAGSBEARBEITUNG INLAND							
VIV	S	LISTE AKTIONS-GEBOTE	JNB	-								
K VR REG	FM FS S-FO	KUNDEN AUFTRAG	TGL LFD	-	AUFTRAGSBEARBEITUNG, AUSFUELLEN DER AUFTRAGSFORMULARE UND EINGABE DER AUFTRAGSDATEN	BEARB. EDV-E.	40 %	FS	LISTE AKTIONS-ANGEBOTE	JNB	-	K
EDV	T-B	KUNDEN- UND ARTIKEL-STAMMDATEN	JNB	-				T-B	AUFTRAGS-EINGABE-DATEN	TGL LFD	-	EDV
EDV VL	S T-B	BONITAETS-ANGABEN	MON	MON.-ANFG.								
VIV	S	LISTE AKTIONS-GEBOTE	JNB	-								
EDV	T-B	AUFTRAGS-EINGABE-DATEN	TGL LFD	-								
EDV	T-B	AUFTRAGS-EINGABE-DATEN	TGL LFD	-	VERGLEICH AUFTRAG MIT VERSANDPA-PIEREN, EINGABE VON ABWEICHUNGEN, SORTIERUNGEN UND STUECKZAHLAEN-DERUNGEN	PRFG. EDV-E.	20%	T-B	AUFTRAGS-EINGABE-DATEN	TGL LFD	-	EDV
EDV	EDV-F	VERSANDANWEI-SUNG (5-FACH)	2 X TGL	MORG. MITT.				EDV-F	VERSANDANWEI-SUNG (4-FACH)	TGL LFD	-	VLI REG
	EDV-F	VERSANDANWEI-SUNG (1-FACH)	1 X TGL	ABENDS				EDV-F	VERSANDANWEI-SUNG (1-FACH)	1 X TGL	ABENDS	VI
EDV	EDV-F	VERSANDANWEI-SUNG (5-FACH)	2 X TGL	MORG. MITT.	PRUEFUNG UND WEITERLEITUNG DER VER-SANDANWEISUNGEN AN DEN VERSAND	PRFG. INFO-W.	5 %	EDV-F	VERSANDANWEI-SUNG (1-FACH)	1 X TGL	ABENDS	VI
VLI	EDV-F	VERSANDANWEI-SUNG (1-FACH)	TGL	ABENDS				FM S	SENDUNGS-DATEN	TGL	ABENDS	VLI
VI	EDV-F	RECHNUNGS-KOPIE	TGL	ABENDS								
EDV	T-B	SENDUNGS-DATEN	TGL LFD	-								
					VABN AUFTRAGSBEARBEITUNG AUSLAND							
VA	S-FO	KUNDEN-AUFTRAG	TGL LFD	-	ANNAHME EINGEHENDER AUFTRAEGE	PRFG.	10 %	T-B	AUFTRAGS-EINGABE-DATEN	TGL	-	EDV
EDV	T-B	KUNDEN- UND ARTIKEL-STAMMDATEN	JNB	-								
VA	S-FO	KUNDEN-AUFTRAG	TGL LFD	-	AUFTRAGSBEARBEITUNG, PR… AUFTRAGSFORMUL… DER AUFTRA…				AUFTRAGS-	TGL	-	EDV

Abb. 66: Beispiel für eine maschinell erstellte, Aufgaben-bezogene Darstellung des Informationssystems (Ausschnitt)

Input — Sender | Informationsträger | Info-Bezeichnung | Häufigk. Regelm. | Terminierung
Verarbeitung — Aufgabenbezeichnung | V.-art | V.-dauer
Output — Info-träger | Info-Bezeichnung | Häufigk. Regelm. | Terminierg. | Empfänger

TFM-Planung Materialwirtschaft

Input:

Sender	Inf.-träger	Info-Bezeichnung	Häufigk. Regelm.	Terminierung
TFD	S-FO	Monatsauftrag (Produktionsvorgabe)	MON	20.F.FMON
EDV	EDV-L	Bedarfsauflösung	MON	25.D.VMON
TFS,WE	S-FO	Wareneingangsscheine	TGL	ABEND

Verarbeitung:

Aufgabenbezeichnung	V.-art	V.-dauer
Auflösung des Produktionsplanes in Bedarfspläne, EDV-Eingabe	BERECH. EDV-E	40 %
EDV-Eingabe der Wareneingänge	EDV-E	20 %

Output:

Info-träger	Info-Bezeichnung	Häufigk. Regelm.	Terminierg.	Empfänger
S-FO	Eingabe Bedarfsauflösung	MON	21.-23.F FMONAT	EDV
S-FO	Anforderung Verarbeitung WE	TGL	NACHM.	EDV

TFS-Fert.steuerung u. Teiledisposition Montage

Input:

Sender	Inf.-träger	Info-Bezeichnung	Häufigk. Regelm.	Terminierung
TFD	S-FO	Monatsauftrag (Produktionsvorgabe)	MON	20.F.FMON
TFK	S	Bestellung Halbteile	JNB	-
F1HB 2HB,WE	S-FO	Rahmenauftragskarte	WTL	MO.F.VORW
T2HB	S-FO	Wareneingangsscheine	TGL	-
EDV	EDV-L	Bestellvorschlag Prod.teile	TGL	-
EDV	T-RT	Auftragsübersicht Prod.teile	TGL LFD	-

Verarbeitung:

Aufgabenbezeichnung	V.-art	V.-dauer
Erstellung der Tagesproduktionsaufträge	BERECH. DISPOS.	55 %
Überwachung der Wareneingänge f. Montage (Menge und Termin)	ÜBERW.	20 %
Initiierung und Überwachung v. Rahmenaufträgen, Abrufe	VERANL. ÜBERM.	10 %

Output:

Info-träger	Info-Bezeichnung	Häufigk. Regelm.	Terminierg.	Empfänger
S-FO	Betriebsauftrag	WTL	DO.F.FWOCH	T2HB T2M
S-FO	Produktionsmeldung	WTL	MO.F.VORW.	TFD
S-FO	Rahmenauftragskarte	WTL	DI.F.VORW.	T1HB T2HB,WE
S-FO	Wareneingangsscheine	TGL	ABEND	TFM
S-FO	Bedarf Prod.-Teile	JNB	-	B
S-FO	Abruf aus Rahmenauftrag	JNB	-	ZF

TFF-Fertigungssteuerung Handelsware

Input:

Sender	Inf.-träger	Info-Bezeichnung	Häufigk. Regelm.	Terminierung
TFD	S-FO	Prod.vergabe Handelsware	MON	ENDE 2.WO F.FMON
B	S-FO	Auftr. Handelsware f. Fernost	JNB	-
TFD	M S	Auftragserteilung Handelsware	JNB	-

Verarbeitung:

Aufgabenbezeichnung	V.-art	V.-dauer
Initiierung der Erneuerung von Rahmenauftr. mit Handelswarenliefer.	VERANL.	20 %
Bestellung und Abruf aus Rahmenauftr. f. Fremdgerätelieferungen	VERANL. INFO-W.	40 %

Output:

Info-träger	Info-Bezeichnung	Häufigk. Regelm.	Terminierg.	Empfänger
S-FO	Dispo-Überwachung, Bedarf	MON	1.WOCHE	TF B
FS	Abrufe aus Rahmenaufträgen	MON	-	ZF
S-FO	Auftragserteilung Handelsware	JNB	-	EDV

TFD-Produktionsplanung

Input:

Sender	Inf.-träger	Info-Bezeichnung	Häufigk. Regelm.	Terminierung
TA	S-FO	Montagekapazitäten	MON	MON.-ENDE
EDV	EDV-L	Umsatzstatistik	MON	MON.-ANF.
EDV	EDV-L	Verkaufsplan-Übersicht	4x MON	4,10,13,18. ARB.T.
VA VT	S-FO	Sonderauftr.artikelbedarf	MON JNB	MON-MITTE F.FMON
VT	S-FO	Auftragserteilung Handelsware	JNB LFD	-
TFF	S-FO	Lieferplanung Fernost	WTL	ANF.FWOCH
VLD	S-FO	Dispositionsaufträge	JNB	-

Verarbeitung:

Aufgabenbezeichnung	V.-art	V.-dauer
Produktionsprogrammplanung	PLANUNG	10 %
Erstellung Produktionspläne für eigene Produktion und Sonderaufträge	PLANUNG BERECH.	70 %

Output:

Info-träger	Info-Bezeichnung	Häufigk. Regelm.	Terminierg.	Empfänger
S-FO	Produktionsprogramm	MON	MON MITTE	T2,13
S-FO	Personal- u. Bandkap. Montage	MON	1.-15.F.FMON	T2,13
EDV-L	Verkaufsplan - Übersicht	MON	2.WOCH	TFE
S-FO	Monatsauftrag (Produktionsvorgabe)	MON	20.D.VMON	VLD TFS TFM TFF
M/S	Auftragserteilung Handelsware	JNB	-	TFF

T1HB-Transport Grundfert. - Halbteilelager

Input:

Sender	Inf.-träger	Info-Bezeichnung	Häufigk. Regelm.	Terminierung
T1	M	Meldung Zielort	JNB LFD	-
TFS	S-FO	Rahmenauftragskarte, Wareneingangsschein	WTL	DI.F.VORW
EDV	EDV-F	Auftragserteilung Handelsware	JNB	-

Verarbeitung:

Aufgabenbezeichnung	V.-art	V.-dauer
Zusammenstellung und Weitertransport der Grundfert.teile an Vormont. u. Montage	DISPOS. VERANL.	60 %
Verwaltung des Wareneingangs für Hilfs- u. Betriebsstoffe incl. Verpack.material	REGIST. DISPOS.	20 %

Output:

Info-träger	Info-Bezeichnung	Häufigk. Regelm.	Terminierg.	Empfänger
M FM	Sonderbedarf Transport	JNB	-	TPF
S-FO	Rahmenauftragskarte	WTL	MO.F.VORW.	TFS
S-FO	Wareneingangsschein	TGL	-	EDV

T2HB-Halbteilebereitstellung Montage

Input:

Sender	Inf.-träger	Info-Bezeichnung	Häufigk. Regelm.	Terminierung
EDV	T-RT	Auftragsübersicht Prod.teile	JNB LFD	-
TFS	S-FO	Rahmenauftragskarte, Wareneingangsschein	WTL	DI.F.VORW
TFS	S-FO	Betriebsauftrag	WTL	DO.F.FWOCH
TA	S-FO	Beschickungsplan	JNB	2 TG.VORHER

Verarbeitung:

Aufgabenbezeichnung	V.-art	V.-dauer
Durchführung des Wareneingangs für Halbteile	VERANL. REGIST.	30 %
Bereitstellung u. Kommissionierung der Teile für die Montage	DISPOS. VERANL.	60 %

Output:

Info-träger	Info-Bezeichnung	Häufigk. Regelm.	Terminierg.	Empfänger
S-FO	Rahmenauftragskarte	WTL	MO.F.VORW.	TFS
S-FO	Wareneingangsschein	TGL	-	TFS TQ
S-FO	Entnahmeschein	TGL	ABEND	EDV

VLD-Disposition Zentrallager

Input:

Sender	Inf.-träger	Info-Bezeichnung	Häufigk. Regelm.	Terminierung
EDV	EDV-F	Versandanweisung	TGL	-
T2,13	FM	Meldung Produktionsänderung	TGL	MITTAG
TFD	S-FO	Monatsauftrag Produktionsvorgabe	MON	20.D.VMON
EDV	EDV-L	Liste knappe Artikel	TGL	MORG.

Verarbeitung:

Aufgabenbezeichnung	V.-art	V.-dauer
Sicherstellung der Verfügbarkeit u. Prüf. d. Versandanw. auf Gefahrg. v. Terminauftr.	DISPOS. PRFG.	40 %
Überprüfung auf knappe Artikel, Veranlassung der Produktion	PRFG. VERANL.	30 %

Output:

Info-träger	Info-Bezeichnung	Häufigk. Regelm.	Terminierg.	Empfänger
EDV-F	Versandanweisung	TGL	-	VLA
FM FS	Meldung Rückstände Regionallager	WTL	FREIT.	REG
S-FO FM	Dispositionsaufträge	JNB	-	TFD

VLL-Bewegungen Zentrallager

Input:

Sender	Inf.-träger	Info-Bezeichnung	Häufigk. Regelm.	Terminierung
12M	S-FO	Palettenzettel (Hochregallagerfachkarten)	LFD	-
VLA	S	Vorankündigung v. Wareneingang Fernost	TGL	-
REG, VLL	S-FO	Versandanweisung	LFD	-
VLV	S-FO EDV-F	Versandanweisung Regionalläger	TGL JNB	-
TG,TQ	S-FO	Meldung gesperrter Artikel	JNB	-

Verarbeitung:

Aufgabenbezeichnung	V.-art	V.-dauer
Registrierung d. Hochregallager Zu- u. Abg.	REGIST. PRFG.	40 %
Verpackung von Überseepaketen	VERANL.	10 %
Beschickung der Regionalläger	DISPOS. VERANL.	15 %
Sperren von Beständen, Steuern v. Sonderbest.	VERANL. DISPOS.	5 %

Output:

Info-träger	Info-Bezeichnung	Häufigk. Regelm.	Terminierg.	Empfänger
S-FO	Palettenzettel (Hochregallagerfachkarten)	TGL	ABEND	EDV
S	Verpackungskosten	JNB	-	VLA
S-FO	Liefermengen Regionallager	TGL	ABEND	EDV
S-FO	Bewegungsnachweis Sonderbestände	TGL	ABEND	EDV

VLI-Versandabwicklung Inland

Input:

Sender	Inf.-träger	Info-Bezeichnung	Häufigk. Regelm.	Terminierung
VIBN VLV	EDV-FO	Versandanweisung	TGL	ABEND
EDV	EDV-L	Liste Versandkostennahbereich	2-WTL	DI,FR
EDV	EDV-L	Spediteurskostenberechnung	MON	3.-4.D.FMON
EDV	EDV-L	Kundenadressliste	2-MON	-

Verarbeitung:

Aufgabenbezeichnung	V.-art	V.-dauer
Transportabwicklung Inlandversand	VERANL.	30 %
Versandkostenkontrolle, Post- u. Fracht-kostenabrechnung m. Regionallägern	PRFG. BERECH.	30 %
Tourenzusammenstellungen f. Nahbereich	DISPOS.	20 %

Output:

Info-träger	Info-Bezeichnung	Häufigk. Regelm.	Terminierg.	Empfänger
S EDV-F	Lieferscheine	TGL	NACHM	EDV
S	Verpackungskostenabrechnung	JNB	-	EDV
S	Änderungen zur Adressliste	JNB	-	EDV REG

VLA-Versandabwicklung Ausland

Input:

Sender	Inf.-träger	Info-Bezeichnung	Häufigk. Regelm.	Terminierung
FO	FS	Vorankündigung v. Fernost	TGL	-
VLD VABN	EDV-F S-FO	Versandanweisung	TGL JNB	-
VLL	S	Verpackungskosten	JNB	-

Verarbeitung:

Aufgabenbezeichnung	V.-art	V.-dauer
Importabwicklung	PRFG. FORM.E	30 %
Transportplanung u. Auslands-versandabwicklung	PLANUNG BEARB.	40 %

Output:

Info-träger	Info-Bezeichnung	Häufigk. Regelm.	Terminierg.	Empfänger
S	Vorankündigung v.Wareneingang Fernost	TGL	-	VLL
S-FO	Versandanweisung	LFD	-	VLL
en	Transport- u. Verp.kostenabrechnung	TGL	ABEND	EDV

VLV-Disposition Regionalläger

Input:

Sender	Inf.-träger	Info-Bezeichnung	Häufigk. Regelm.	Terminierung
REG	PT FM	Lieferwünsche Regionallager	WTL JNB	MONT.
REG	M,FM S	Rückstandsmeldung Regionallager	WTL JNB	MONT.
EDV	EDV-L	Bestandsliste Regionallager	TGL	MORG
VL	S-FO	Richtbestände Regionallager	MON	1.WOCH

Verarbeitung:

Aufgabenbezeichnung	V.-art	V.-dauer
Annahme, Prüfung u. Bearbeitung der Lieferanforderungen d. Region	PRFG. DISPOS. BEARB.	50 %
Bestandskontrolle Regionallager	PRFG.	20 %

Output:

Info-träger	Info-Bezeichnung	Häufigk. Regelm.	Terminierg.	Empfänger
S-FO	Versandanweisung	LFD	-	VLI
S	Aktuelle Liefersituation Regionallager	WTL	MI	REG
EDV-L S	überprüfte Bestandsliste Regionallager	TGL	ABEND	VL REG

VIBN-Auftragsbearbeitung Inland

Input:

Sender	Inf.-träger	Info-Bezeichnung	Häufigk. Regelm.	Terminierung
K,VR REG	FM,FS S-FO	Kundenauftrag	TGL LFD	-
EDV	T-B	Kunden- u. Artikelstammdaten	JNB	-
VI	S	Liste Aktionsangebote	JNB	-
EDV	EDV-F	Versandanweisung	2xTGL	MORG + MITT
VI	EDV-F	Rechnungskopie	TGL	ABEND

Verarbeitung:

Aufgabenbezeichnung	V.-art	V.-dauer
Annahme und Bearbeitung eingehender Aufträge.Bearb. v. Kundenrückfragen	REGIST. BEARB. EDV-E	60 %
Vergleich Auftrag mit Versandpapieren Eingabe von Abweichungen	PRFG. EDV-E	25 %

Output:

Info-träger	Info-Bezeichnung	Häufigk. Regelm.	Terminierg.	Empfänger
T-B	Auftragseingabedaten	TGL LFD	-	EDV
FS	Liste Aktionsangebote	JNB	-	K
EDV-F	Versandanweisung	TGL	ABEND	VLI VI

VABN-Auftragsbearbeitung Ausland

Input:

Sender	Inf.-träger	Info-Bezeichnung	Häufigk. Regelm.	Terminierung
VA	S-FO	Kundenauftrag	TGL LFD	-
EDV	T-B	Kunden- u. Artikelstammdaten	JNB	-
EDV	EDV-F	Versandanweisung	TGL	-
VA	EDV-F	Rechnungskopie	TGL	ABEND

Verarbeitung:

Aufgabenbezeichnung	V.-art	V.-dauer
Annahme und Bearbeitung eingehender Kundenaufträge	REGIST. BEARB. EDV-E	50 %
Vergleich Auftrag mit Versandpapieren Eingabe von Abweichungen	PRFG. EDV-E	20 %

Output:

Info-träger	Info-Bezeichnung	Häufigk. Regelm.	Terminierg.	Empfänger
T-B	Auftragseingabedaten	TGL	-	EDV
EDV-F	Versandanweisung	TGL	ABEND	VLA VA

VSP-Absatzplanung und Prognose

Input:

Sender	Inf.-träger	Info-Bezeichnung	Häufigk. Regelm.	Terminierung
EDV	EDV-L	Absatzzahlenliste	MON	3.TG.FMON
VI,VA VH,VK	S.S-FO	Absatzbudgets	6-MON	APR,OKT
M	S	Marktdaten	6-MON	MRZ,SEP
VI	S	Wettbewerbsinformationen	2-WTL	-
VH VI	S,M	Aktionsmeldungen	JNB	-
VI	S-FO	Monatsbeschaffungsplan VT	MON	10.D.VMON
VT VK	FS	Rush order Vertrieb	JNB	-
EDV	EDV-F	Verkaufsplanübersicht kurzfr.	MON	12.ARB.T.

Verarbeitung:

Aufgabenbezeichnung	V.-art	V.-dauer
Klärung u. Feststellung v. Absatztrends	BERECH.	10 %
Erstellung von Vertriebsprognosen, Überarbeitung u. Korrektur gemäss aktueller Daten	BERECH.	50 %
Informationsbeschaffung und -weitergabe, Bearbeitung von Rückständen und Eilaufträgen der Vertr.tochter	INFO-W. EDV-E	55 %

Output:

Info-träger	Info-Bezeichnung	Häufigk. Regelm.	Terminierg.	Empfänger
S	Absatztrends	6-MON	APR,OKT	VI VM
S-FO	Planeingaben Absatzbudgets	6-MON	APR,OKT	EDV
S-FO	Monatsbeschaffungsplan VT	MON	10.D.VORM	EDV
EDV-F	Verkaufsplanübersicht	6-MON	30.5, 30.11	EDV

Abb. 67: Gesamtsystem-bezogene Darstellung des Informations-systems am Beispiel des Untersuchungsfeldes 2

INFORMATIONSFLUSS U. -VERARBEITUNG

	INPUT				VERARBEITUNG			OUTPUT				
SENDER	INFO-TRAE.	INFORMATIONS-BEZEICHNUNG	HFG-RGL	TERMI-NIERG.	AUFGABENBEZEICHNUNG	VERARBEITUNGS-ART	DAUER	INFO-TRAE.	INFORMATIONS-BEZEICHNUNG	HFG-RGL	TERMI-NIERG.	EMPFG.
TFM PLANUNG MATERIALWIRTSCHAFT												
TFD	S-FO	MONATSAUFTRAG (PRODUKTIONS-VORGABE)	MON	20. F. FMONAT	AUFLOESUNG DES PRODUKTIONSPLANES IN BEDARFSPLAENE, EDV-EINGABE	BERECH. EDV-E.	40 %	S-FO	EINGABE BEDARFSAUF-LOESUNG	MON	21.-23 F. FMONAT	EDV
EDV	EDV-L	BEDARFSAUF-LOESUNG	MON	25. D. VMONAT								
TFS WE	S-FO	WAREN EINGANGS-SCHEIN	TGL	ABENDS	ERSTELLUNG DER TAGES-PRODUKTIONSAUFTRAEGE	EDV-E.	20 %	S-FO	ANFORDERUNG VERARBEITUNG WE	TGL	NACHM.	EDV
TFS FERTIGUNGSSTEUERUNG UND TEILEDISPOSITION MONTAGE												
TFD	S-FO	MONATSAUFTRAG (PRODUKTIONS-VORGABE)	MON	20. F. FMONAT	ERSTELLUNG DER TAGES-PRODUKTIONSAUFTRAEGE	BERECH. DISPOS.	55 %	S-FO	BETRIEBS-AUFTRAG	WTL	DO. F. FWOCH.	T2HB T2M
TFK	S	BESTELLUNG HALBTEILE	JNB	-				S-FO	PRODUKTIONS-MELDUNG	WTL	MO. F. VWOCH.	TFD
T1HB T2HB WE	S-FO	RAHMENAUF-TRAGSKARTE	WTL	MO. F. VORW.	UEBERWACHUNG DER WARENEINGAENGE FUER MONTAGE (MENGE UND TERMIN)	UEBERW.	20 %	S-FO	RAHMEN-AUFTRAGS-KARTE	WTL	DI. F. VWOCH.	T2HB T1HB WE
T2HB	S-FO	WARENEIN-GANGS-SCHEIN	TGL	-				S-FO	WAREN-EINGANGS-SCHEINE	TGL	ABENDS	TFM
EDV	EDV-L T-RT	BESTELLVOR-SCHLAG PRO-DUKTIONSTEILE	TGL	-	INITIIERUNG UND UEBRWACHUNG VON RAHMENAUFTRAEGEN, ABPUFE	VERANL. UEBERW.	10 %	S-FO	WAREN-EINGANGS-SCHEINE	TGL	ABENDS	TFM
EDV	T-RT	AUFTRAGS-UEBERSICHT PROD.-TEILE	TGL LFD	-				S-FO	BEDARF PRODUKTIONS-TEILE	JNB	-	B
TFF FERTIGUNGSSTEUERUNG HANDELSWARE												
TFD	S-FO	PROD.-VORGABE HANDELSWARE	MON	ENDE 2.WCH. FMONAT	INITIIERUNG DER ERNEUERUNG VON RAHMENAUFTRAEGEN MIT HANDELS-WARENLIEFERANTEN	VERANL.	20 %	S-FO	DISPO-UEBER-WACHUNG, BEDARF	MON	-	TF B
B	S-FO	AUFTR. HAN-DELSWARE F. FERNOST	JNB	-								
TFD	S-FO	PROD.-VORGABE HANDELSWARE	MON	ENDE 2.WCH. FMONAT	BESTELLUNG UND ABRUF AUS RAHMENAUF-TRAEGEN FUER FREMDGERAETELIEFERUNGEN	VERANL. INFO-W.	40 %	FS	ABRUF AUS RAHMEN-...RAG	MON	-	2F
B	S-FO	AUFTR. HAN-DELSWARE F. FERNOST	JNB	-								

Abb. 68: Beispiel für eine maschinell erstellte, Gesamtsystem-bezogene Darstellung des Informationssystems (Ausschnitt)

FIR Forschung für die Praxis

Berichte aus dem Forschungsinstitut für Rationalisierung
(FIR), Aachen, und dem Lehrstuhl für Arbeitswissen-
schaft (IAW) der Rheinisch-Westfälischen Technischen
Hochschule Aachen

Herausgeber: Prof. Dr.-Ing. R. Hackstein